누가 수학 좀
대신 해 줬으면!

나를 완전하게 만들어 준 가족에게

일단 고백 먼저. 저는 수학을 잘 모릅니다. 학교에서 마지막으로 수학을 공부해 본 건 공업 수학을 배웠던 대학교 2학년 때였습니다. 세상에, 그게 벌써 몇 년 전인지. 게다가 수학이 별로 중요하지 않은 전공이어서 수업도 듣는 둥 마는 둥 했습니다. 당연히 성적도 좋지 않았지요. 그러니 수학을 열심히 공부했던 건 아마도 고등학교 시절이 마지막이라고 하는 편이 맞습니다.

그 뒤로는 수학과 다시는 만날 일 없이 살 줄 알았습니다.

그런데 수학은 은근히 제 곁을 떠나지 않았습니다. 어쩌다 보니 대학원에서 과학사를 공부하고 있었는데, 석사 논문 주제로 잡은 게 찰스 배비지(Charles Babbage)라는 수학자와 계산 기관이었습니다. 수학보다는 계산기라는 기계에 관심이 있어서 선택했던 주제였지만, 논문을 쓰려니 어설프게나마 수학사를 건드릴 수밖에 없었습니다.

석사 학위만 받고 대학원을 그만둔 덕분에 공부는 더 안 해도 되었지만, 수학과의 인연은 끝이 아니었습니다. 대학원 이후 우리나라의 대표 과학 잡지를 만드는 회사에 입사해 기자로 일했습니다. 그곳에서 몇 년 정도 일했는데, 어느 날 회사의 편집장 중 한 분이 저를 불렀습니다.

"너 나랑 일 하나 하자."

누아르 영화의 한 장면은 당연히 아니었고, 그 일이란 새로운 잡지를 만드는 것이었습니다. 새로운 잡지란 바로 수학 잡지였습니다. 학술지도 아니고 문제집도 아닌, 대중이 취미 삼아 볼 수 있는 잡지.

'그런 게 될까?'

어쨌든 저희는 수학과와 수학 교육과 출신의 신입 기자를 뽑아 함께 팀을 꾸리고 창간 준비에 들어갔습니다. 그렇게 해서 만든 잡지가 지금까지도 꾸준히 나오고 있는 국내 유일의 수학 잡지 《수학동아》입니다.

준비 과정에서 기존의 콘텐츠를 살펴보았는데, 저희가 만들려던 잡지와 비슷한 건 거의 없었습니다. 해외 사례도 별로 없었습니다. 흥미를 불러일으키기 위한 단행본은 내용이 대동소이했고, 그 외에는 죄다 학습서에 가까웠습니다. 그러다 보니 오히려 초반에는 쉬웠습니다. 무슨 콘텐츠든 잘 기획해서 만들기만 하면 최초가 될 수 있었으니까요.

창간 준비부터 시작해 1년여를 일한 뒤 저는 다른 잡지팀으로 옮겼습니다. 그리고 4년쯤 뒤에 돌아갔는데, 이번에는 편집장으로였습니다. 이때는 처음 창간했을 때와 상황이 달랐습니다. 그동안 많은 콘텐츠가 쌓였기에 이제는 매번 책을 만들 때마다 식상하지 않은 새로운 소재를 찾아 헤매야 했습니다.

그 후 거의 5년 동안 수학 잡지를 만들며 수학자, 수학 교사, 젊은 수학도, 수학 영재, 수학을 좋아하는 어린이 등 수학과 관련된 다양한 사람을 만날 수 있었습니다. 그러면서 느낀 건 수학이 평범하면서도 다르긴 다르다는 사실이었습니다.

먼저 평범한 점에 관해 이야기해 볼까요. 사실 저는 수학이라고 해서 과학의 다른 분야와 크게 다르게 생각하지 않았습니다. 그래서 처음에 수학 잡지를 만들자는 제의를 받았을 때도 별생각 없이 알겠다고 대답했습니다. 하지만 그렇지 않은 사람도 많은 모양이었습니다. 나중에 편집장이 되어서 다른 팀 기자와 이야기하다가 농담 삼아 "우리 팀으로 올래?"라고 물었을 때 가장 많이 들은 대답이 "전 수학을 잘 몰라서……."였습니다. 쓴웃음을 지으며 고개를 끄덕이긴 했지만, 속으로는 약간 빈정 상할 수밖에 없었습니다.

'아니 그러면 물리학이나 생물학이나 화학은 그렇게 잘 알아서 취재하고 기사를 쓰나?'

기자는 전문가가 아닙니다. 자기 전공 분야에 관해서라면 조금 알 수 있지만, 자기 전공 분야만 다루는 기자는 없습니다. 저 역시 전공자도 아니면서 암흑 에너지니 힉스 입자니 단백질이니 하는 온갖

책을 시작하며

분야에 관한 기사를 썼습니다. 당연히 전문가를 취재하고 논문도 찾아보고 공부하면서 썼습니다. 누구나 그렇게 일했습니다. 저는 수학도 다를 게 없다고 생각했지만, 몇몇은 그렇게 생각하지 않았던 모양입니다.

수학 잡지를 하는 동안 다른 분야를 취재할 때나 마찬가지로 모르면 모르는 대로 잘 아는 사람의 설명을 들어 가면서 콘텐츠를 만들었습니다. 필즈 상이나 아벨 상을 받는 사람들의 업적이 무엇인지, 처음 들어보는 정리나 추측이 무엇을 뜻하는 것인지 나름대로 열심히 공부했습니다. 저보다 수학을 더 잘 알거나 더 열심히 공부한 팀원들의 역할이 컸던 건 물론입니다.

일하면서 만난 많은 수학자도 친절하게 대해 주었습니다. 수학자라면 어딘가 특이한 사람일 거라는 선입견과 달리 제가 만나 본 수학자는 대개 평범했습니다. 물론 머릿속에는 비범함이 도사리고 있었을 것이고 마음만 먹으면 얼마든지 '외계어'를 할 수 있었겠지만, 무지몽매한 제가 가능한 한 알아들을 수 있도록 설명해 주려고 애썼습니다. '머글'이 이해할 수 있는 언어로 설명하려면 어떻게 해야 할지 난감해하던 표정이 눈에 선합니다.

그런 면에서 수학이 다른 점도 분명히 느껴지긴 했습니다. 저는 대중을 위한 과학 콘텐츠도 만들어 보고 수학 콘텐츠로 만들어 보았는데, 둘이 완전히 같다고 말하는 건 조금 어렵습니다. 다를 게 뭐가 있겠냐는 처음 생각이 틀린 셈이긴 합니다.

어떤 면에서 다를까요? 제가 보기에 가장 큰 차이는 연구 대상인 것 같습니다. 자연 과학은 자연을 다룹니다. 자연은 우주든 미생물이든 원자나 분자든 간에 일단 실체가 있습니다. 그런데 수학은 일단 1, 2, 3 하는 수 개념부터가 추상적입니다. 자연수라는 것도 개념이지 물리적인 실체가 있는 건 아니잖아요? 그렇다고 존재하지 않는다고 하기도 그렇고……

그러다 보니 수학의 최전선에서 벌어지는 일을 전달하는 게 어려웠습니다. 당연히 잡지의 근본적인 임무 중 하나는 최신 소식을 전달하는 겁니다. 과학이든 수학이든 최신 연구 성과를 대중이 '이해'할 수 있도록 전달하는 건 어렵지만, 과학 잡지라면 어느 정도 방법이 있습니다. 최신 과학 연구라고 해도 관련이 있는 실체가 있기 때문입니다. 거의 수학과 다를 게 없어지는 물리학의 극한으로 가면 추상적이기는 매한가지지만, 대부분은 우리가 아는 무언가와 연관 지어 설명할 수 있습니다.

수학은 이게 잘 안 됩니다. 수학자를 만나서 "요즘엔 무슨 연구를 하시나요?"라고 물어보면, 답을 알아들을 수 없는 경우가 대부분입니다. 당사자도 자신이 무슨 연구를 하는지 설명하기 어려워합니다. 일반인에게 설명할 방법이 없기 때문입니다. 과학도 깊게 들어가면 마찬가지지만 이런 면에서는 수학이 정말 심합니다.

처음에 수학 잡지를 기획하면서 조사했던 기존의 수학 콘텐츠의 내용이 비슷비슷해 보였던 것도 이런 까닭이었을 겁니다. 최신 성과를 전달하는 건 너무 어렵고 그렇지 않은 것만 다루려고 하면 새롭지 않았습니다. 편집장을 하는 동안 항상 이런 딜레마를 해결해 보려고 고민했던 것 같습니다.

그래도 수학은 과학과 기술 전반에 널리 쓰이는 데다가 산업에 응용할 수 있는 수학 연구도 갈수록 활발해진 덕분에 매달 콘텐츠를 만들어 갈 수 있었습니다. 처음에 수학 잡지를 만들 때만 해도 "학생들이 수학이 실생활에 얼마나 쓰이는지를 몰라서 흥미를 갖지 못한다."라는 이야기를 흔히 들었는데, 이제는 생각이 달라졌습니다. 지금은 어린 학생들도 수학이 얼마나 중요하고 얼마나 폭넓게 쓰이는지 알고 있다고 생각합니다. 거기에 제가 기여한 바도 아마 아주 조금은 있으리라 생각하면 기쁩니다.

그렇게 보낸 세월 덕분에 저는 수학에 관해 비교적 넓고 아주 얇게 아는 사람이 되었습니다. 여러 수학 개념에 관해 자세히는 모르지만, 최소한 어디서 들어본 적은 있는 상태에 이른 겁니다. 덕분에 편집장을 그만둔 뒤에도 주제넘게 어디에 불려가 수학에 관해 떠들거나 글을 쓰거나 수학 책을 번역하기도 했습니다. 물론 여전히 전문가는 아니므로 그런 일을 할 때마다 또 열심히 찾아보고 공부해야 합니다. 피곤한 일이지요.

이 책에 실린 글은 수학 잡지 기자로, 편집장으로 일하면서 접했던 내용이거나 머리에 떠올랐지만 그때는 다루지 못했던 내용 중에서 흥미를 느꼈던 것들을 다시 풀어서 쓴 겁니다. 궁금증을 해소

해 보려고 이것저것 찾아서 공부해 본 내용도 있습니다. 문외한이 혼자서 이것저것 찾아보며 쓴 글이라 혹시 틀린 내용이 있을까 봐 가장 걱정스럽습니다. 혹시 그런 내용이 있다면, 너그럽게 굽어살펴 주시길 바랍니다. 아울러 어디가 틀렸는지 알려 주신다면 성심성의껏 반영하겠습니다. 마지막으로 저와 함께 수학 콘텐츠를 고민했던 모든 분과 저를 믿고 귀한 지면을 내준 데다가 책으로까지 엮어 주신 (주)사이언스북스 편집부에도 심심한 감사의 인사를 전합니다.

차례

아침에 뉴스를 보며
수학 생각하기

1부

수학이 우리를 구원할 수 있을까?

전 세계를 강타한 코로나19는 우리 집이라고 봐주지 않았다. 다행히 연로하신 부모님은 걸리지 않았지만, 나와 아내, 아이는 결국 한 번씩 걸려서 앓고 말았다. 그래도 앓기만 하고 나았으니 다행이었다. 초기보다 약해졌다는 오미크론 변이에 걸린 게 그나마 다행이었던 것 같다.

워낙에 심각한 전염병이다 보니 언론 보도나 관련 연구에도 관심을 기울일 수밖에 없었는데, 앞으로 생길 변이라거나 확진자 수에 관한 예측을 보면 신기하게도 잘 맞춘다는 생각이 들었다. 물론 틀릴 때도 많지만, '저런 걸 어떻게 알 수 있을까' 싶은 것을 곧잘 맞추곤 했다.

과학 기자로 일하는 동안 사스나 메르스, 신종 플루 같은 전염병에 관한 기사를 쓰거나 접한 적이 있어 수학을 이용한다는 건 알고 있었다. 기본적인 방법이야 그때나 지금이나 같겠지만, 이번에는 정말 피부에 와닿는 경험을 하다 보니 예전보다 더 실감 나게 느꼈던 모양이다.

그런데 학창 시절에 배웠던 수학을 떠올려 보면 도대체 어떻게 해야 현실 세계의 일을 분석하고 예측할 수 있는지 도무지 알기가 어렵다. 전문가도 아닌 우리가 복잡한 수식까지 이해해야 할 필요는 없겠지만, 거기까지 가지 않아도 여전히 감은 오지 않는다.

"수학은 자연의 언어다."라는 말이 있다. 갈릴레오 갈릴레이(Galileo Galilei)가 한 말인데, 좀 더 정확히는 신이 우주를 쓸 때 쓴 언어가 수학이라고 했다.

자연 과학에서 수학의 중요성을 생각하면 틀린 말이 아니다. 과학자는 자연 현상을 설명하기 위해 모형을 만들고, 그 모형이 실제 자연을 얼마나 잘 나타내는지를 확인하는데, 이때 수학이 아주 중요하게 쓰인다. 만약 신과 같은 능력을 지닌 사람이 있다면, 그 사람의 눈에는 이 세상이 온통 수식으로 보일지도 모른다. 영화 「매트릭스(The Matrix)」에서 깨달음을 얻은 네오의 눈에 세상을 이루는 코드가 보였듯이.

그러나 우리에게는 그런 능력이 없고, 영리한 과학자들이 엄청나게 열심히 연구한 뒤에야 이제 세상의 일부를 수학으로 볼 수 있다. 그것도 대개는 실제보다 단순하게 만든 형태다. 모든 변수를 반영하기에는 자연이 너무나 복잡하기 때문이다.

자연 과학뿐만이 아니다. 수학적 모형을 사용해 현상을 시뮬레이션하는 방법은 사회 현상을 설명하는 데도 쓰인다. 사회 현상 역시 변수가 많고 복잡하긴 마찬가지다. 자연이든 사회든 수학적 모형으로 설명하기 위해서는 어쩔 수 없이 무시할 건 무시하고 현상을 단순화해야 한다. 그럼에도 불구하고 잘 만든 수학적 모형은 우리에게 의미 있는 설명과 예측을 제공한다.

수학으로 보는 세상

어떤 현상에 관한 수학적 모형을 만들려면 먼저 대상을 제대로 이해해야 한다. 현재 상황이 어떤지, 대상에 영향을 끼치는 요소로는 어떤 게 있는지, 목적이 무엇인지 등등. 그다음에 무시해야 할 변수와 고려해야 할 변수를 구분하고, 현상을 단순하게 만든다. 그러고 난 뒤에 이를 바탕으로 수학 기호와 표현을 이용해 현상을 나타낸다. 모형을 만들고 나면 현상을 얼마나 정확하게 설명하는지를 평가하고, 그 결과에 따라 모형을 수정해 나간다.

수학적 모형을 만드는 과정은 학자에 따라 조금씩 다르지만, 일반적으로 이런 흐름을 따른다. 우리가 학교에서 배운 여러 법칙이니 이론이니 하는 것들이 이런 과정을 통해 만든 수학적 모형이다. 뉴턴의 운동 법칙은 물체의 움직임을 설명하고, 케플러의 법칙은 태양계

행성의 움직임을 설명한다. 아인슈타인의 상대성 이론도 기하학을 이용해 나타낸다. 이런 일반적인 원리는 또 더 복잡한 실제 현상을 나타내는 수학적 모형을 만드는 근간이 된다.

물리학에서 많이 쓰이다 보니 물리학 사례가 많이 떠오르는데, 오늘날 수학적 모형이 쓰이는 분야는 대단히 많다. 당장 인터넷에 접속해 '수학적 모형'이라는 키워드로 검색해 보자. "사람 간 약효 차, 수학적 모형으로 밝혀냈다.", "수학적 모형으로 세포의 유전자 발현 조절 능력 설명", "수학 모형 통해 세포 상호 작용 원리 규명", "굴삭기 엔진의 수학적 모형화", "파도를 설명하는 수학적 모형", "주식 시장, 수학적 모형으로 풀다." 등 몇 번만 클릭해도 수많은 관련 기사를 찾을 수 있다.

이렇게 보면 수학적 모형을 만든다는 건 전문적인 훈련을 받은 사람만 할 수 있는 어려운 일 같지만, 사실 우리 모두는 어렸을 때부터 이런 훈련을 받아 왔다. 일상 생활을 바탕으로 만든 수학 문제를 푸는 과정이 바로 수학적 모형을 만드는 것과 다르지 않다. 예를 들어, 다음과 같은 문제가 있다고 하자.

일정한 속도로 흐르는 강에서 한 사람이 수영을 하고 있다. 강물을 따라 수영할 때의 속도는 시속 4킬로미터이고, 강물을 거슬러 수영할 때의 속도는 시속 2킬로미터다. 강물이 흐르는 속도와 사람이 수영하는 속도를 구하라.

학교 다닐 때 봤을 법한 익숙한 문제다. 지금도 웬만한 사람은 풀 수 있을 것이다. 이 상황을 수학식으로 바꾸면 다음과 같은 연립방정식이 된다. 사람이 수영하는 속도를 x, 강물이 흐르는 속도를 y라 놓으면

$$x+y=4$$
$$x-y=2$$

이 된다. x는 3이고 y는 1이므로 강물은 시속 1킬로미터로 흐르고 사람은 시속 3킬로미터로 수영한다는 사실을 알 수 있다. 아주 오래됐을 수도 있지만, 배웠던 기억이 나시는지? 이렇게 우리는 모두 전문가 수준은 아니라고 해도 어렸을 때부터 수학적 모형화 훈련을 받은 셈이다.

코로나19를 보는 수학 모형

코로나19는 자연 현상이자 사회 현상이다. 바이러스가 일으키는 병이니 자연 현상이지만, 사람들이 이동하면서 전파하는 양상은 사회 현상이라고도 할 수 있다. 바이러스의 전파 양상을 완벽하게 파악하는 건 불가능하다. 감염된 사람이 기침했을 때 튀어나온 침방울

의 궤적을 일일이 추적할 수는 없는 노릇 아닌가.

전염병의 양상을 이해하기 위한 수학적 모형은 이를 단순화시켜 사람을 몇 가지 집단으로 나누고 그 집단에 속한 사람의 수가 어떻게 변화하는지를 나타낸다. 20세기 초 스코틀랜드의 앤더슨 맥켄드릭(Anderson G. McKendrick)과 윌리엄 컬맥(William O. Kermack)은 시간의 흐름에 따른 전염병의 확산을 예측하는 이론을 만들었고, 여기서 나온 SIR 모형은 현재 전염병 모형의 기본이 되고 있다.

SIR 모형은 사람을 세 집단으로 구분한다. S(Susceptible)는 감염 가능성이 있는 사람, I(Infectious)는 감염된 사람, R(Removed)는 회복된 사람 혹은 죽은 사람이다. 그러면 S에서 I로 가는 사람, I에서 R로 가는 사람의 비율이 있을 것이다. 그 정도를 변수로 나타낸다. 감염 경로도 고려해야 한다. 공기로 전염되는지, 신체 접촉으로 전염되는지 등도 변수가 된다. 현실에 있는 수많은 요소를 고려할수록 변수가 많아지므로 계산이 복잡해진다.

이 모형은 다양하게 변주할 수 있다. 감기처럼 면역력이 안 생기는 경우에는 I에서 다시 S로 돌아오는 SIS 모형을 쓴다. 잠복기가 있는 경우에는 감염됐지만 전파력은 없는 사람을 나타내는 E(Exposed) 집단을 포함한 SEIR 모형을 쓴다. 잠복기가 있으면서 면역력이 안 생기는 경우에는 SEIS 모형이다. 이번 코로나19처럼 무증상 감염자가 있는 경우에는 E를 잠복기 집단(L)과 무증상 감염자 집단(A)로 나눈 SLIAR 모형을 쓸 수 있다.

간단하게 설명하면 이 정도지만, 실제로는 변수가 많다. 바이러스의 변이, 날씨에 따른 바이러스의 성질, 백신이나 치료제, 격리 정책, 사람들의 행동 패턴, 위생 수준 등 수많은 변수를 고려해야 정확도를 높일 수 있다.

코로나19의 수학적 모형에 관한 뉴스를 검색해 보면 세계 곳곳에서 다양한 연구가 쏟아져 나왔고 지금도 계속 나오고 있다는 것을 알 수 있다. 바이러스의 전파뿐만이 아니라 그와 관련된 여러 현상을 수학 모형으로 만들고 있다. 제각기 수학으로 코로나 바이러스 사태를 바라보기 위해 노력하고 있는 것이다. 모형이 정확할수록 방역 대책을 세우거나 장기적인 정책을 만드는 데 큰 도움이 될 수 있다.

수학으로 복잡한 세상을 본다는 게 참 어려운 일인 건 분명하다. 전염병의 양상은 태양의 남은 수명이나 몇만 년 뒤 지구의 위치 같은 거시적인 현상보다 훨씬 더 예측하기 어렵다. 그럼에도 불구하고 많은 노력 덕분에 점점 더 좋은 모형이 나오고 있고, 그런 모형 덕분에 더 많은 사람을 구할 수 있다. 한 사람이라도 더 살릴 수 있다면 그것만으로도 의미가 있는 게 아닐까.

수학에도 특허를 쥐야 할까?

지금까지 수많은 과학자와 기술자, 발명가는 이전까지 몰랐던 자연 법칙을 알아내거나 새로운 물건을 만들어 우리 생활을 편리하고 쾌적하게 만들어 주었다. 이런 공헌을 한 사람은 흔히 이름을 알리고 역사 책에도 이름을 올리곤 하는데, 때때로 자신의 발견을 이용해 큰 돈을 벌기도 한다. 그게 나쁜 일은 아니다. 예를 들어 혁신적인 신약을 만드는 데 들어가는 비용을 생각하면 제약 회사가 돈을 좀 번다고 해서 뭐라고 하기는 어렵다. 물론 소아마비 백신을 만든 조너스 소크(Jonas E. Salk)처럼 인류를 위해 특허를 포기하고 칭송을 받을 수도 있다.

그렇지만 자연 법칙을 발견한 과학자는 대개 그것을 이용해 돈 벌이를 못 한다. 할 생각도 없겠지만, 하고 싶다고 해도 하기 어렵다. 중력을 이용할 때마다, 가령 놀이 공원에서 롤러코스터가 중력의 힘으로 떨어질 때마다 아이작 뉴턴(Isaac Newton)에게 돈을 내야 한다고 생각해 보자. 얼마나 어처구니없는 일일까? 소크는 특허를 낼 수 있는 발명을 해냈음에도 "태양에도 특허를 낼 수 있나요?"라고 반문한 바 있다.

수학도 자연 과학의 일부이니 얼핏 생각하면, 그와 비슷할 것 같다. 그런데 조금만 더 생각해 보면 그게 그렇게 쉬운 문제는 아니다.

수학은 발명일까, 발견일까?

"수학은 발명일까, 발견일까?" 이런 질문을 받는다면 우리는 어떻게 대답할까? 전문 수학자는 아니지만, 고등학교 때까지 배운 수학을 가지고 생각해 보자. 정답이 있는 문제는 아니니 우리 같은 일반인이 한번 생각해 보는 것도 의미 없는 일은 아닐 것이다.

수의 개념부터 집합이나 행렬, 미적분, 확률, 통계, 여러 가지 공식에 이르기까지 우리가 배운 수학은 과연 인간이 만들어 낸 것일까? 아니면 원래 자연의 법칙으로 존재하는 것을 우리가 알아내서 사용하고 있을 뿐일까?

만약 발명 쪽에 한 표를 던진다면, 그건 수학을 도구로 여긴다는 뜻이다. 자연 현상을 나타내기 위해 우리가 만들어 낸 도구. 수학으로 자연 현상을 잘 나타낼 수 있는 건 그런 목적으로 만든 도구이니 당연하다고 볼 수 있다. 따라서 인간이 사라진다면, 수학도 의미를 잃게 된다. 인간과 무관한 절대 불변의 수학적 진리가 있다고 생각하기는 어렵다.

발견이라는 견해에 따르면, 수학은 우주의 근본적인 원리다. 우주는 수학적인 원리에 따라 움직이며, 수학자는 그 비밀을 조금씩 밝혀내는 사람이 된다. 수학적인 진리는 인간의 존재 여부와 상관없이 그 자체로 존재한다. 인간이 없던 과거에도, 인간이 멸종한 뒤에도 수학은 언제나 그대로라는 것이다. 그렇다면 어딘가 우주 먼 곳에 수학을 연구하는 외계인이 있어도 표현의 차이는 있을지언정 인간의 수학과 다르지 않아야 한다.

참 어려운 문제다. 예를 들어, 수를 생각해 보자. 1, 2, 3, 4 같은 자연수는 원래 존재할까, 인간이 만들 걸까? 돼지가 새끼를 다섯 마리 낳았다고 하면, 인간이 있든 없든 새끼 돼지가 다섯 마리라는 사실은 변함이 없다. 인간이 그걸 보고 하나, 둘, 셋, 넷, 다섯 하고 세어서 나타냈을 뿐. 수를 나타내는 기호인 숫자는 발명품이겠지만, 추상적인 수 개념 자체는 왠지 원래 있었을 것 같긴 하다.

그런데 소수를 생각하면 좀 애매해진다. 0.7이나 2.8 같은 소수는 원래 있는 걸까? 우리는 사과 0.7개 같은 표현을 거의 쓰지 않는다. 물론 사과 하나를 7대 3의 비율로 정확히 잘라 놓고 0.7개라고 할 수는 있겠지만, 그건 부피의 비로 해야 할까, 질량의 비로 해야 할까? 씨와 과육과 껍질은 각각 어떻게 나누어야 할까? 사과 0.7개라는 개

넘은 아주 모호하다. 그리고 보면 사과 1개라는 개념 자체도 모호해진다. 사과 1개라는 개념 자체가 인간과 무관하게 우주에 존재하는 게 맞는 걸까?

발명과 발견 둘 다 면 안 될까?

소수까지만 생각해 봤는데도, 골치가 아프다. 벌써 이럴진대 0이나 음수, 유리수, 무리수, 허수까지 갈 생각을 하니 엄두가 나지 않는다. 공식 같은 건 어떨까? 피타고라스의 정리라고, 중학교 때 배우는 공식이 있다. 평면에서 직각 삼각형의 빗변 길이의 제곱은 나머지 두 변의 길이의 제곱의 합과 같다는 공식이다. 피타고라스가 이 법칙을 알아내기 전에도 이 공식은 참이었을 것이다. 그리고 아마 인류가 멸망한 뒤에도 참일 것이다. 그러면 피타고라스의 정리는 발명이 아니라 발견이라고 할 수 있지 않을까? 그런데 미적분 같은 경우에는 흔히 발명했다는 표현을 많이 쓴다.

수학자들도 의견이 제각각인 모양이다. 영국의 수학자로, 필즈 상과 아벨 상을 받은 마이클 아티야(Michael Atiyah)는 인간이 수학을 만들었다는 식으로 이야기했다. 알베르트 아인슈타인(Albert Einstein)도 "경험과 무관한 인간 사고의 산물인 수학이 물리적 현실과 어쩌면 그렇게 잘 맞아떨어질 수 있을까?"라고 했다. 다비트 힐베르트(David Hilbert), 게오르크 칸토어(Georg Cantor) 등도 이쪽 의견이다. 반대로 고드프리 해럴드 하디(Godfrey Harold Hardy), 쿠르트 괴델(Kurt Gödel) 등은 순수한 수학적인 세계가 실재한다고 생각했다.

그런데 꼭 둘 중 하나여야 할까? 세상에는 이것 아니면 저것만 있는 건 아니다. 당연히 둘 다일 수도 있다. 수학 중에서 어떤 것은 인간과 무관하게 존재하는 법칙이고, 어떤 것은 인간이 만들어 낸 개념일 수 있다. 가령 평면에서 삼각형의 내각의 합은 180도라는 점은 아마 인간과 무관하게 자연에 내재되어 있는 사실이고, 인간은 그 사실을 발견했을 것이다. 이와 달리 제곱하면 음수가 나오는 허수는 이름처럼 실제 자연에는 존재하지 않지만 인간이 필요에 따라 만들어 낸 개념일 것이다. 물론 애초에 수 자체가 인간이 만들어 낸 개념이라고 볼 수도 있다. 어쨌거나 자연에는 존재하지도 않는데, 실제 물리적 현실을 설명하는 데 요긴하게 쓰인다고 생각하면 참 흥미롭다.

이런 식으로 수학은 인간과 무관하게 자연에 내재되어 있는 근본 원리와 수학자의 머릿속 세계에만 있는 추상적인 개념이 마구 뒤섞여 있는 것일지도 모른다. 일반인과 수학 사이의 거리를 더욱 벌어지게 하는 데 혁혁한 공을 세우고 있는 건 아마 후자일 것이다. 나름대로 오랫동안 과학과 수학 콘텐츠를 다루어 본 경험에 따르면, 과학은 그래도 전문가의 설명을 들으면 대강 무엇과 관련된 것이구나 하고 이해할 수 있지만 순수 수학의 경우에는 그런 게 전혀 불가능할 때가 많다.

모호한 알고리듬 특허의 기준

그렇다면 다시 특허에 관해 생각해 보자. 수학 공식이나 알고리듬에 특허를 낼 수 있어야 하는 걸까?

보통 과학자가 알아낸 자연 법칙 자체에는 특허를 낼 수 없다. 빅뱅 이론이나 초끈 이론에 특허를 낸다는 생각을 하지는 않는다. 중력파를 탐지했다고 해도 중력파에 관한 특허를 받을 수는 없다. 하지만 과학적인 원리를 이용해 어떤 유용한 도구를 만들면 특허를 받아 금전적인 이익을 취할 수 있다. 중력파를 이용해 통신하는 장치를 개발했다고 하면 관련 기술에 특허를 신청할 수 있을 것이다.

특허법은 나라마다 조금씩 다르지만, 일반적으로 수학 개념도 자연 법칙과 마찬가지로 특허를 낼 수 없다. 특허법에서는 수학을 발명이 아니라 발견으로 보는 셈이다. 과거 산업 수학의 여러 사례를 취재할 때도 결과물을 가지고 특허를 내겠다는 수학자는 본 적이 없다. 순수 수학 분야의 수학자라면 말할 것도 없을 것이다.

비슷한 이유로 소프트웨어도 특허를 인정받기 어렵다. 소프트웨어란 결국 수학 알고리듬이기 때문이다. 과거 미국 법원은 사람이 손으로 풀 수 있는 알고리듬은 정신 활동이므로 특허를 줄 수 없다는 판결을 낸 바 있다. 하지만 사람이 손으로 풀 수 있다는 기준은 모호할 수밖에 없고 어떤 소프트웨어는 다른 구실을 이용해 특허를 받기도 했다.

특허가 있다면, 자연히 분쟁도 생길 수 있다. 몇 년 전에는 게임계에서 알고리듬 특허와 관련한 문제가 생겼다. 2016년에 출시된 「노 맨즈 스카이(No Man's Sky)」라는 게임은 은하계의 수많은 행성을 탐사하는 SF 어드벤처 게임으로 출시 전부터 비상한 관심을 받았다. 무려 1800경 개의 행성을 탐사할 수 있고, 행성마다 독특한 동식물상을 갖추고 있다고 하니 놀라지 않을 수가 없었다.

용량에 한계가 있는 게임에서 1800경 개의 행성을 모두 만들어 놓을 수는 없다. 각 행성은 알고리듬을 통해 만들어지게 되어 있다. 이 게임을 개발한 숀 머리(Sean Murray)는 출시 전 한 인터뷰에서 이에 관해 설명하면서 슈퍼포뮬러(superformula)라는 알고리듬을 사용하고 있다고 언급했다. 슈퍼포뮬러는 요한 힐리스(Johan Gielis)라는 벨기에의 생물학자가 만든 것으로, 변수에 따라 자연의 다양한 형태를 만들 수 있는 알고리듬이다. 힐리스는 직접 회사를 세우고 이 알고리듬에 대한 특허를 받았다.

게임 출시 직전 힐리스는 「노 맨즈 스카이」가 슈퍼포뮬러를 무단으로 사용했다고 주장했다. 머리는 개발 과정에서 슈퍼포뮬러를 사용한 건 사실이지만, 게임에 넣지는 않았다고 주장하며 대화를 나누겠다고 밝혔다. 그 뒤로는 언론 보도가 거의 없어 양측이 어떤 결론을 내렸는지는 찾을 수가 없었다. 어쩌면 기대와 달리 게임이 출시 뒤에 형편없는 콘텐츠로 혹평을 받으면서 흐지부지되었을지도 모른다. 그리고 한 블로그에서 얼마 전에 슈퍼포뮬러 특허가 만료되었다는 정보를 발견했다.

만약 「노 맨즈 스카이」가 엄청난 성공을 거두었다면 어떻게 되었을까? 엄청난 돈이 걸려 있으니 특허 분쟁은 훨씬 더 격렬해지지 않았을까? 「노 맨즈 스카이」가 슈퍼포뮬러를 사용하지 않았다 해도 그걸 바탕으로 다른 알고리듬을 만들어 사용했다면, 더욱 골치가 아파졌을 것이다. 삼성과 애플의 특허 싸움에서 보았듯이, 계속해서 선례를 찾아가는 공방이 계속되었을 수도 있다. 슈퍼포뮬러도 완전히 새로운 게 아니라 기존 공식을 바탕으로 만든 것이니 말이다.

수학자들은 어떻게 생각할지 모르지만, 수학으로 특허를 낼 수 없다는 사실은 우리에게 아주 다행인 것 같다. 오늘날 우리가 사용하는 수많은 장치와 소프트웨어의 바탕에 수학이 있다는 사실을 생각하면, 얼마나 많은 특허료를 내면서 살아야 할지 아찔해진다. 수학이 발명인지 발견인지는 모르겠지만, 수학으로부터 혜택을 받고 사는 입장에서는 수학이 누군가 만들어 낸 도구인 것보다는 누군가 새로 알아낸 진리의 한 조각인 게 더 나은 것 같다. 수학자들에게는 좀 미안하지만.

저기 해로운 수학이 있을까?

3장

과학 기자 생활을 할 때 나는 사이비 과학에 관심이 많았다. 사이비 과학 혹은 비과학적인 미신이 싫어서 그런 것들을 박멸하고 싶다고 입사 면접 때 이야기하기도 했다. 그리고 실제로 이런저런 기사를 쓰면서 사이비 과학을 비판하는 내용을 넣기도 했고, 한두 해 정도는 사이비 과학을 다루는 글을 연재하기도 했다. 지금도 마찬가지다. 비과학적인 내용으로 사람을 호도하는 수작을 보면 심기가 불편해진다. 부모님이 근거 없는 건강 정보를 듣고 별로 믿음이 가지 않은 약이나 식품을 드실 때면 화가 날 정도다.

수학 잡지를 만들던 시절에도 비슷한 생각을 한 적이 있다. 사이비 수학이란 게 있다면, 찾아내서 파헤쳐 보자고. 사이비 과학과 달리 사이비 수학이라는 말이 어색하게 느껴지는 것처럼 그런 사례를 찾기는 어려웠다. 사이비 과학이 추구하는 목적 중 가장 큰 비중을 차지하는 것은 '돈'이다. 그래서 많은 사람이 관심 가지는 건강과 의학 분야에서 사기가 가장 흔하다. 아무래도 이런 면에서 수학적으로 보이는 것은 별로 돈이 되지 않는 모양이다.

군이 찾자면 통계 왜곡 정도가 있다. 통계를 왜곡하고 악용해서 자신의 주장을 뒷받침한다거나 이익을 취하는 것도 분명 사기 행위다. 예를 들어 평균의 함정 같은 게 있다. 예전에 인터넷 게시판에서 황당한 글을 봤는데, 몇십 년 전보다 지금이 훨씬 덥다는 내용이었다. 지구 온난화가 진행되고 있으니 지금이 더 더운 건 사실이겠지만, 그 글은 1960~1970년대의 평균 기온을 근거로 삼고 있었다. 7~8월 평균 기온이 섭씨 26도 안팎이니 지금보다 훨씬 시원했다는 주장이다. 평균과 최고, 최저 기온을 구분하지 못한 그 글은 당연히 댓글로 논파당했다. 표본을 편향적으로 선정하거나 상관 관계를 인과 관계로 호도하거나 그래프를 교묘하게 그리는 식으로 통계를 왜곡하는 일도 흔하다.

왜곡이 아닌 완전한 사기로 볼 수 있는 사례로는 로또 당첨 번호 예측 서비스가 있다. 검색하면 몇몇 업체를 찾을 수 있는데, 홈페이지에 가 보면 번호 출현 빈도나 홀수와 짝수의 비, 높은 수와 낮은 수의 비 따위를 따져 놓은 자료를 볼 수 있다. 무슨 상관인지는 모르겠지만, 소수나 합성수를 따지는 곳도 있었다. 상식적인 사람이라면 전혀 근거 없는 분석이라는 사실을 알 것이다.

기존 수학을 뒤집겠다는 환상

돈과 무관하게 자신이 대단한 발견을 했다고 착각해서 사이비 과학을 추구하는 경우도 꽤 있다. 기자 생활을 하다 보면 이런 잘못된 생각에 이상하게 빠져 있는 사례를 보곤 한다. 나도 제보 이메일을 여러 차례 받았다. 가령 모종의 집단이 사람들을 마인드 컨트롤하고 있다는 주장이나 자신이 우주와 생명의 본질을 발견했다는 주장 등이다. 대개는 황당무계한 내용이라서 무시해 버리는데, 가끔 그럴 듯하게 보여서 낚이는 기자가 있으면 기사로 나오기도 한다.

수학도 예외는 아니다. 수학과 관련해서 직접 제보를 받은 적은 없지만, 간혹 리만 가설 같은 굉장한 수학 난제를 해결했다고 주장하는 뉴스를 간혹 접한 적이 있었다. 나 역시 뉴스로 처음 접하면 큰 기대를 하고 살펴보곤 했다. 대부분은 과장 또는 왜곡되었거나 오류가 있는 것으로 판명 났다. 그런 일을 몇 번 겪다 보니 이제는 그런 뉴스를 봐도 거의 기대를 하지 않는다.

어떤 사람은 이미 불가능하다는 것이 증명된 뒤에도 계속해서 같은 주장을 되풀이하기도 한다. 내가 가장 처음 접한, 그리고 아마 가장 유명한 사례는 임의의 각을 삼등분하는 문제다. 정확히 언제인지는 기억이 나지 않지만, 어린 시절에 학교에서 자와 컴퍼스를 이용해 임의의 각을 이등분하는 방법을 배우는 시기가 있다. 아마 그맘때였을 것이다. 집에서 신문을 보는데, 신문 하단에 커다랗게 광고가 실렸다. 자신이 임의의 각을 삼등분하는 방법을 찾아냈다고 누군가 신문에 광고를 실었다. 처음에는 각을 삼등분하는 게 무슨 대수인가 싶었는데, 자세히 읽어 보니 그렇지 않았다.

좀 더 정확히 설명하면, 이 문제는 눈금이 없는 자와 컴퍼스만을 사용해 임의의 각을 삼등분하는 각을 작도할 수 있는가 하는 문제다. 역사적으로 많은 수학자가 도전했지만 모두 실패했다. 결국 19세기 초, 프랑스 수학자 피에르로랑 방첼(Pierre-Laurent Wantzel)이 불가능하다는 사실을 증명했다. 이때 방첼은 같은 조건으로 임의의 정육면체의 2배 부피의 정육면체를 작도할 수 없다는 사실도 함께 증명했다. 두 문제는 3대 작도 불능 문제에 속한다. 참고로, 나머지 하나는 임의의 원과 넓이가 같은 정사각형을 작도하는 문제다.

그러니까 광고를 낸 그 사람은 한참 전에 끝난 증명에 도전장을 던졌던 것이다. 그때는 몰랐는데, 그런 사람은 세계적으로도 많았다고 한다. 이들이 주장하는 방법에는 전부 오류가 있는 것으로 밝혀졌고, 지금은 수학자 누구도 그런 주장에 관심을 두지 않는다. 신문에서 본 방법도 마찬가지였을 것이다. 나는 오류를 찾아낼 수준은 아니었지만, 그 광고를 스크랩해서 한참 동안 보관했다. 나중에 수학과를 나온 기자에게 보여 주었는데, 두루뭉술하게 넘어가는 부분이 있다는 대답을 들었다.

재야의 수학자가 대단한 발견을 한다는 판타지는 유혹적이다. 아마 지금도 어딘가에는 기존 수학 이론의 전복을 꿈꾸는 야심 찬 아마추어 수학자가 있을 것이다. 하지만 야심만 너무 커 아집에 빠지게 된다면, 논문은 못 내고 신문에 광고만 내는 사이비 수학자가 되고 말 가능성이 크다.

생활 속 퍼져 있는 수에 관한 미신

사실 이런 사이비 수학은 기껏해야 성가신 정도로(그래도 진위 여부는 확인해야 하니까.), 사회적으로 큰 피해를 가져오는 것은 아니다. 평범한 사람들의 삶과는 별 관련이 없을뿐더러 수학이라는 학문과 그 학문을 이용하는 사회를 위협할 정도로 많은 사람이 믿지는 않기 때문이다.

보통 사람들에게는 이런 사이비 수학보다는 수와 관련된 미신이 더 많은 영향을 끼친다. 특정 수에 의미를 부여하거나 수에 모종의 힘이 있다고 생각하는 수비학은 역사가 매우 깊다. 고대 그리스 피타고라스 학파는 수에 신비한 성질이 있으며 만물이 수로 이루어져 있다고 믿었다. 1은 모든 것의 기원을, 시작과 중간과 끝이 있는 3은 이상적인 수를, 10은 완전한 수를 의미했다. 또 홀수는 남성스럽고, 짝수는 여성스럽다고 생각하는 식이었다.

수에 의미를 부여하는 문화는 고대 그리스뿐 아니라 여러 시대의 여러 문명권에 있었다. 그 흔적은 지금까지도 남아 있다. 서양에서는 13을 불길하게 여기고 7을 행운의 수로 여긴다. 중국에서는 8이 행운의 숫자다. 우리나라에서는 4를 재수 없는 수로 생각한다. 흔히 죽을 사(死) 자와 발음이 똑같이 때문이라고 한다.

　　요즘 수비학을 진지하게 믿는 사람은 별로 없다. 하지만 수에 관한 미신은 흔적처럼 남아 우리 생활에 조금씩 반영되어 있다. 건물에 4층이 없다거나, 엘리베이터의 4층 버튼을 숫자 4 대신 F로 표기한다거나 하는 흔적을 우리는 종종 볼 수 있다. 2012년에는 세종시에서 태어난 아기의 주민 등록 번호 뒷자리가 4444로 끝나자 부모가변경을 요청해 번호를 바꾼 사례도 있었다. 이후 정부는 4444가 나오지 않도록 주민 등록 번호 생성 방식을 바꾸는 조치를 했다.

　　손 없는 날도 비슷하다. 흔히 이사나 개업을 위한 날을 고를 때 손 없는 날을 택한다. 손 없는 날이란 사람을 해코지하는 악귀가 돌아다니지 않는 길일로, '손'은 귀신을 가리키는 '손님'을 줄인 것이다. 손 없는 날은 음력 날짜로 끝이 0이나 9로 끝나는 날이다. 즉 음력 9, 10, 19, 20, 29, 30일이다. 예로부터 날짜가 1, 2로 끝나면 동쪽, 3, 4로 끝나면 남쪽, 5, 6으로 끝나면 서쪽, 7, 8로 끝나면 북쪽에 '손'이 있다고 하기 때문이다.

학교에서 배웠던 황금비도

세계적으로 널리 퍼진 잘못된 통념으로 황금비도 있다. 황금비는 어떤 두 수의 비가 두 수의 합과 두 수 중 큰 수의 비와 같을 때 그 비를 말한다. 두 수 a, b(a가 b보다 크다.)가 있다면, $(a+b)/a = a/b$일 때 이 값이 황금 비율이다. 약 $1.618\cdots$인 무리수다.

대단할 것 없어 보이는 이 수가 유명한 것은 아름다움과 관련이 있기 때문이다. 황금비에 관한 기록은 기원전에 활동한 고대 그리스 수학자 에우클레이데스의 『원론(Elements)』에서도 찾아볼 수 있는데, 황금비라는 이름 자체는 19세기에 들어서야 등장했다. 오늘날에도 우리가 아름다움을 느끼는 자연물, 혹은 예술 작품이 황금비를 이루고 있다는 내용은 아마 못 들어본 사람이 없을 것이다. 흔히 앵무조개나 파르테논 신전이 대표적인 사례로 꼽히곤 한다.

그런데 실제로 측정해 보면 아름다운 대상에서 황금비를 찾기가 어렵다고 한다. 몇몇 수학자가 황금비로 이루어졌다고 하는 앵무조개의 나선을 직접 잰 결과 황금비는 없었다. 파르테논 신전이나 모나리자, 몇몇 유명한 조각상도 마찬가지다. 황금비가 있는 건물이나 예술 작품도 있지만, 그건 처음부터 황금비가 아름답다는 통념에 따라 황금비에 맞춰 만든 결과다.

우리가 황금비를 아름답게 느낀다는 이야기도 확실하지 않다. 가로와 세로의 비가 제각기 다른 직사각형 수십 개를 놓고 마음에 드는 것을 고르게 한 실험에서 가장 많은 사람이 고른 직사각형은 황금비가 아니었다는 실험도 있다. 애초에 모든 사람이 똑같은 대상에서 아름다움을 느낀다는 게 말이 안 되는 소리다. 이제는 황금비에 관한 잘못된 사실도 많이 알려져 인터넷에서 황금비를 검색하면, 양쪽 내용이 뒤섞여 나온다. 처음 접하는 사람이라면 어리둥절할지도 모른다.

사이비 과학 목록을 열심히 뒤졌지만, 수학이 차지하는 비중은 작았다. 수학이 어렵다는 인상 때문일까? 하지만 그 어렵다는 양자역학을 가지고 이상한 소리를 하는 사람이 많은 것으로 봐서는 그것도 말이 안 된다. 혹시 수학 이론은 대중성이 떨어져 관심을 끌기 어려워서일까? 그렇다면 사이비 수학이 적다는 사실에 기뻐할 수만은 없을지도 모르겠다.

정말로 공정한 선거는 없을까?

4장

흔히 선거는 민주주의의 꽃이라 한다. 총선이나 대선처럼 중요한 선거는 그만큼 열기도 뜨겁고 사람들의 관심도 크다. 요즘에는 개표 방송도 각 방송사에서 심혈을 기울여 만들어 보는 맛도 있다. 얼핏 생각하면 계속 숫자만 바뀌는 게 무슨 재미냐 할 수 있는데, 실시간으로 바뀌는 개표 현황과 언론의 분석을 지켜보고 있자면 마치 스포츠 경기를 보고 있는 것처럼 흥미진진하다. 그래서 큰 선거가 있으면 많은 사람이 밤잠을 잊고 상황을 지켜본다.

그냥 지켜보기만 하지도 않는다. 자연스럽게 개표가 아직 안 된 남은 표와 각 후보별 득표수의 변화 추이를 살펴보며 과연 누가 이길지 예측해 보기도 한다. 만약 지지 후보의 역전 가능성이 보이면 손에 땀을 쥐고 끝까지 응원하게 된다.

어떤 사람은 어림짐작에 그치지 않고 이 추세대로 가면 결과가 어떻게 될지 엑셀로 표를 만들어 계산하기도 한다. 여론 조사 같은 것을 보고 지역별 성향 같은 요소도 나름대로 꼼꼼히 고려한다. 가령 앞으로 개표해야 할 게 1만 표인데 그 지역에서 A 후보와 B 후보의 지지율이 8 대 2라면, A 후보와 B 후보가 각각 8,000표와 2,000표를 가져간다는 식으로 예측한다. 실제로 선거 예측에 참여하는 수학자, 통계학자, 데이터 과학자 같은 사람들이 쓰는 모형과 비교하면 대단히 조악하겠지만, 누구나 할 수 있는 이 정도의 계산으로도 결과를 왕왕 맞히곤 한다.

역전할 가능성은 상당히 높다

데이터에 잡히지도 않는 수많은 사람의 선택을 예측한다는 게 결코 쉬운 일은 아니겠지만, 전문가들의 예측은 꽤 높은 적중률을 보이는 편이다. 도널드 트럼프의 재선 여부가 관심을 모았던 2020년 미국 대통령 선거 때도 처음 예상대로 조 바이든이 승리를 가져갔다.

트럼프도 예상보다 선전하며 격차를 많이 줄였다. 그래서인지 트럼프는 부정 선거라며 소송을 걸고 결과에 불복하겠다고 나서기도 했다. 조지아를 비롯한 몇몇 주에서는 트럼프가 앞서고 있다가 도시 지역의 투표나 우편 투표분 개표가 이루어지고 나서야 바이든이 역전하는 결과가 나왔기 때문이다.

트럼프가 억지를 부리고 있는 건 분명해 보이지만, 이기고 있다가 갑자기 상대 후보에게 몰표가 가면서 역전당한다고 생각하면 억지를 부리고 싶은 심정이 들 법도 하다. 우리나라에서도 어느 지역을 먼저 개표하는지에 따라 승부가 뒤집히기도 하는 사례가 많았다. 당장 지난 대통령 선거 때만 해도 개표 초반에는 이재명 후보가 앞서 나가다가 이후에 역전을 당하면서 윤석열 후보가 당선되는 결과가 나왔다.

만약 모든 표가 골고루 섞여 있다면, 역전이 거의 일어나지 않을 테니 초반 개표 상황만 봐도 누가 이길지 알 수 있을 것이다. 그런데 앞에서도 언급했듯이 유권자의 투표 성향은 지역, 연령, 성별, 직업 등 여러 가지 요소에 따라 다를 수 있다. 그래서 처음 개표 상황이 쭉 이어지지 않고 곧잘 역전이 일어나게 된다. 전문가들 역시 이를 잘 알고 있고 예측에 반영한다. 초반 개표 상황에 따르면 바이든이 계속 뒤지고 있던 몇몇 주에서도 예측은 꾸준히 바이든 승리로 나왔던 게 바로 그런 이유에서다.

사실 개표 과정 내내 한 후보가 다른 후보를 앞설 확률은 생각보다 높지 않다. 1878년 영국 수학자 윌리엄 앨런 위트워스(William Allen Whitworth)가 처음 발견했지만 이후 독자적으로 다시 발견한 프랑스 수학자 조제프 루이 프랑수아 베르트랑(Joseph Louis François Bertrand)의 이름을 딴 '베르트랑의 투표 용지 정리(Bertrand's ballot theorem)'에 따르면, p표를 받아 승리한 A 후보가 q표를 받아 패배한

B 후보에게 개표 내내 앞선 상태일 확률은 다음과 같다.

$$(p-q)/(p+q).$$

A 후보와 B 후보가 각각 1만 표와 7,000표를 받았다고 해 보자. 앞의 공식에 대입하면,

$$(10000-7000)/(10000+7000)=0.17\cdots$$

이 나온다. 즉 A 후보가 개표 과정 내내 B 후보에게 앞설 확률은 약 17퍼센트다. 표 차이가 작을수록 확률은 낮아진다. 각각 1만 표와 9,500표라면, 승자가 계속 앞설 확률은 고작 2.5퍼센트다. 패자 입장에서 보면, 어느 순간 앞서고 있다가 역전당해서 질 확률이 상당히 높은 셈이다.

공정한 선거 제도란?

우리나라 대선의 경우 전체 득표수를 따져서 가장 많은 표를 받은 후보가 당선되니 득표수만 보면 되지만, 미국 대선은 선거인단을 얼마나 확보하느냐에 달려 있어서 따져 봐야 할 게 좀 더 많다. 까딱

하면 전체 득표수에서 이기고도 선거인단 수에서 밀려서 지는 경우도 생긴다. 이기는 주에서는 큰 차이로 이기고, 지는 주에서는 근소한 차이로 진다면 그렇게 될 수 있다. 바로 2016년 미국 대선 때 힐러리 클린턴이 전체 득표수로는 트럼프에게 300만 표 정도 앞섰지만, 최종적으로는 패배했다.

우리 눈에는 불공평해 보일 수도 있는 제도다. 그런데 우리나라 제도는 공정하냐고 따져 묻는다면 자신 있게 그렇다고 말할 수는 없다. 이럴 때 수학자들이 공정한 선거 제도를 만들어 주면 좋으련만. 아니면, 직접 어떤 선거 제도가 공정할지 생각해 볼 수도 있겠다.

일단 지금까지 나왔던 여러 가지 아이디어를 참고해 보자. 먼저 가장 널리 쓰이면서 우리에게도 익숙한 다수결 투표제다. 유권자는 후보 여러 명 중에서 1명을 골라 표를 주고, 가장 많은 표를 받은 후보가 당선되는 방식이다. 일견 공정해 보이지만, 후보가 여러 명일 때는 대표성이 떨어진다는 약점이 생길 수 있다. 후보 5명의 득표율이 22퍼센트, 20퍼센트, 20퍼센트, 20퍼센트, 18퍼센트라고 하자. 22퍼센트를 받은 1위 후보가 당선자가 되는데, 전체 유권자의 4분의 1도 안 되는 득표로 유권자를 대변한다고 할 수 있을까? 그리고 사표에 대한 걱정이 생긴다. 가장 싫어하는 후보가 당선되는 것을 막기 위해 내가 원하는 인물이 아니어도 당선 가능성이 가장 큰 후보에게 표를 던지는 것이다. 그러면 최종 결과가 민심을 완전히 반영하지 못하게 된다.

그래서 유권자 1명에게 표를 여러 개 준 뒤 원하는 후보에게 원하는 만큼 나눠 주는 누적 투표제도 있다. 예를 들어, 유권자 1명에게 표가 5장 있다면, A와 B에게 각각 3장, 2장씩 줄 수 있다. 혹은 5명에게 1장씩 주어도 되고, 1명에게 모두 주어도 된다. 이 방법은 선호도가 차순위인 후보에게도 표를 일부 줄 수 있다는 장점이 있지만, 그러다가 다수결 투표제 때와 마찬가지로 1순위 후보가 탈락하게 될수도 있다는 단점이 있다.

보르다 투표제는 유권자가 각 후보의 순위를 정해 앞선 순위부터 높은 점수를 준 뒤 합산해 승부를 가르는 방식이다. 프랑스 수학자 장샤를 드 보르다(Jean-Charles de Borda)가 유권자의 선호도를 정확하게 반영하기 위해 만들었다. 예를 들어 후보가 3명이면, 1순위 후보는 3점, 2순위 후보는 2점, 3순위는 1점을 받는 식이다. 그러면 사표는 없어질 수 있지만, 후보가 많아지면 유권자는 골치가 아프다. 우리나라에서 대통령 선거를 하면 후보가 10여 명 나오는데, 1, 2, 3순위 정도야 확실하게 정할 수 있다고 해도 잘 알지도 못하는 군소후보의 순위를 어떻게 정할까? 후순위로 갈수록 아무렇게나 정해 버리는 일이 빈번할 것이다.

이 외에도 마음에 드는 후보에게 모두 표를 하나씩 주는 승인 투표제, 상위 몇 명만을 모아 투표를 한 번 더 하는 결선 투표제, 모든 후보에게 순위를 매겨 투표한 뒤 1위가 정해질 때까지 꼴찌를 탈락시키며 계속 투표하는 즉석 결선 투표제 등 여러 방법이 있다. 하지만 이런 방법에도 제각기 장점과 단점이 있다.

후보와 유권자의 머리싸움

1951년 미국의 경제학자 케네스 조지프 애로(Kenneth Joseph Arrow)는 『사회적 선택과 개인의 가치(*Social Choice and Individual Values*)』라는 책을 발표했는데, 여기에는 '애로의 불가능성 정리(Arrow's impossibility theorem)'라는 개념이 담겨 있었다. 이 정리는 유권자에게 서로 다른 대안이 3개 이상 있을 경우 어떤 선거 제도도 집단의 일관적인 선호 순위를 찾을 수 없음을 보여 준다. 어떤 선거 제도도 다음의 세 가지 공리를 만족할 수 없다.

1. 만약 모든 유권자가 Y 안보다 X 안을 선호한다면, 그 집단은 Y보다 X 를 선호한다.
2. 만약 X 안과 Y 안에 대한 모든 유권자의 선호도가 변하지 않는다면, X 안과 Y 안에 대한 그 집단의 선호도도 변하지 않는다.
3. 집단의 선호도를 마음대로 결정할 수 있는 '독재자'는 없다.

흔히 애로의 불가능성 정리에서 이 세상에 모든 사람을 만족시키는 완벽한 선거 제도는 없다는 결론을 도출하곤 한다. 이는 우리 같은 일반인이 이해할 수 있게 단순화한 결론이지만, 선거 제도를 이야기할 때 자주 접할 수 있는 이야기다. 현실에서 이 정리를 우회할 수 있는 방법에 관한 연구도 있는 듯하다.

전문가가 아니니 자세히 알기는 어렵지만, 어쨌든 완벽한 선거 제도를 만드는 게 수학으로도 결코 쉬운 일이 아니라는 사실쯤은 눈치챌 수 있다. 어떤 선거 제도를 택해도 나름의 장단점이 있다. 따라서 후보자는 후보자대로 자신에게 유리하게 선거 운동 전략을 짜야 하고, 유권자는 유권자대로 원하는 후보가 당선될 수 있도록 전략적으로 투표해야 한다.

물론 후보에게는 수학이나 통계 전문가가 붙지만, 우리 같은 유권자는 각자 알아서 생각해야 한다. 1대 1 대결이라면 생각할 게 별로 없지만, 지역구도 뽑고 비례 대표도 뽑는 총선 같은 경우는 어떻게 해야 원하는 의석이 나올 수 있을지 머리를 굴리지 않는가. 전문가들이 쓸 법한 복잡한 공식 같은 것까지 활용하지는 않는다고 해도 선거가 다가오면 우리 유권자도 나름대로 수학적인 머리를 굴려야 한다. 아무래도 선거는 언제까지나 후보에게나 유권자에게나 수학적으로 고민해야만 하는 머리싸움이 될 것 같다.

수학으로 전쟁을 막을 수 있다면

5장

나는 전쟁을 겪지 않고 살 수 있어서 참 다행이라고 생각하고 있다. 최근 러시아의 침공으로 벌어졌던 러시아-우크라이나 전쟁, 그리고 마찬가지로 참혹하지만 그보다 관심을 받지 못하고 있는 여러 전쟁과 분쟁을 보면 더욱더 그런 생각이 들 수밖에 없다. 물론 우리나라도 전쟁의 위협에서 안전한 것만은 아니다.

전쟁을 직접 겪지 않았다고 해도 전쟁이 일어나서는 안 될 일이라는 건 누구나 안다. 하지만 때에 따라서는 하기 싫다고 해서 안 할 수 있는 일이 아니라는 것 또한 사실이다. 이유야 어쨌든 일단 벌어진 뒤에는 총력을 다해서 이겨야 한다. 전쟁에서 진 국가와 국민이 어떤 일을 겪는지는 역사가 잘 보여 주고 있다.

특히 오늘날 전쟁에서는 기술이 대단히 큰 역할을 한다. 발전한 기술은 더 좋은 무기를 제공하고, 좋은 무기는 전장에서 유리하게 작용한다. 20세기 초중반 두 차례의 세계 대전을 거치면서 과학 기술자가 전쟁에 동원되는 일이 늘어났는데, 수학자도 예외는 아니었다. 물리학이나 화학 같은 다른 과학 분야보다는 간접적이지만, 오늘날 쓰이는 무기와 장비는 물론 보급, 운영, 전투 시뮬레이션 등 전쟁의 여러 요소가 수학에 바탕을 두고 있다.

직접과 간접의 경계를 명확하게 가르기는 다소 애매하지만, 수학자가 직접적인 방식으로 전투에 도움이 된 사례가 있을까? 가장 먼저 떠오르는 건 아르키메데스(Archimedes)의 일화다. 아르키메데스는 목욕하다가 "유레카!"를 외친 것으로 유명한 기원전 2세기의 그리스 수학자다. 아르키메데스가 포물선 모양으로 설치한 거울로 태양 빛을 반사해 쳐들어온 로마 전함에 불을 질렀다는 이야기가 있다. 기하학 원리를 활용한 멋진 사례지만, 실제로 있었던 일은 아닐 가능성이 크다. 현대에 들어 정말로 가능한지 실험해 보기도 했는데, 그런 일이 불가능하지는 않아도 쉽지는 않았던 모양이다.

수학을 잘했던 나폴레옹

확실한 사례로는 탄도학이 있다. 선사 시대부터 전쟁에는 원거리 무기가 중요하게 쓰였다. 처음에는 아마 돌을 던졌을 테고 기술이 발전하면서 창이나 활, 투석기, 대포, 총과 같은 원거리 무기를 적극적으로 활용했다. 던지든 쏘든 효과가 있으려면 목표 지점을 정확히 맞춰야 한다. 숙련된다면 감만으로도 비교적 정확하게 맞출 수 있겠지만, 수학의 힘을 빌린다면 더욱 정확하게 쏠 수 있다.

날아가는 돌이 그리는 궤적을 눈으로 쫓는 것이야 쉬운 일이지만, 돌이 왜 그렇게 날아가는지 설명하는 건 그렇지 않다. 우리가 관성이라는 개념을 전혀 모른다고 생각해 보자. 팔을 휘둘러 돌을 던지는 데까지는 이해가 된다. 팔이 돌에 힘을 가하니까. 그런데 돌이 손에서 떨어지는 순간부터는 돌이 왜 계속 움직이는지 알 수가 없다. 돌에 힘을 가하는 게 아무것도 없는데 돌은 왜 움직이는 걸까?

아리스토텔레스는 매질, 즉 공기가 밀어 주는 힘 때문에 날아간다고 이야기했다. 시간이 흐르면서 여러 학자가 조금씩 다른 이론을 내놓기 시작했는데, 그중 하나가 바로 '임페투스(impetus)'다. 임페투스는 돌이 계속 날아가게 하는 힘이다. 14세기 프랑스의 철학자 장 뷔리당(Jean Buridan)과 니콜 오렘(Nicole Oresme)은 물체에 처음 가한 힘에서 나온 임페투스가 물체를 계속 움직이게 하며, 공기는 오히려 운동을 방해한다고 생각했다. 임페투스의 크기는 물체의 무게와 처음에 가한 힘에 따라 달라지는데, 이는 질량과 속도의 곱으로 나타내는 오늘날의 운동량과 비슷하다.

경험적인 분야이던 탄도학을 수학적이고 이론적인 분야로 만든 최초의 인물은 이탈리아의 수학자 니콜로 타르탈리아(Niccolo F. Tartaglia)다. 타르탈리아는 비스듬히 던진 물체가 직선을 그리며 날아가다가 힘이 다하면 곡선을 그리며 아래로 처진 뒤 마지막에는 수직으로 땅에 떨어진다고 설명했다. 지금 우리가 보기에는 말이 안 되는 설명이다.

이후 갈릴레오, 뉴턴 등 쟁쟁한 수학자를 거쳐 비스듬히 던진 물체는 포물선을 그리며 날아간다는 게 밝혀졌고, 그 궤적을 수학적으로 예측하는 게 가능해졌다. 근대 유럽에서는 포병 장교에게 수학이 필수적인 소양이기도 했다. 수학에 조예가 깊었던 나폴레옹 보나파르트(Napoléon Bonaparte) 역시 포병 장교 출신이다. 최초의 프로그래밍 가능한 범용 디지털 컴퓨터인 에니악(ENIAC)의 원래 목적이 대포의 탄도 계산이었다는 사실도 잘 알려져 있다.

통계, 암호, 최적화

비전투적인 방식으로 수학이 전쟁에 기여한 사례는 더 쉽게 찾을 수 있다. 예를 들어, 영국의 간호사이자 행정가였던 플로렌스 나이팅게일(Florence Nightingale)은 통계를 이용해 위생이 부상자의 사망률에 큰 영향을 끼친다는 주장을 입증했고, 그 결과 사망률을 대폭 낮출 수 있었다.

암호 해독도 수학이 활약하는 대표적인 분야다. 시에르핀스키 삼각형이라는 프랙털 도형으로 잘 알려진 폴란드 수학자 바츠와프

시에르핀스키(Wacław Sierpiński)는 1919년부터 1921년까지 벌어진 폴란드-소련 전쟁 때 폴란드 군을 위해 (구)소련의 암호를 해독했다. 암호라고 하면 영국의 앨런 튜링(Alan M. Turing)도 빼놓을 수 없다. 튜링은 제2차 세계 대전 때 독일군의 에니그마 암호를 해독해 종전을 앞당기는 데 큰 공을 세웠다.

이렇게 전쟁이 도움이 된 연구는 전쟁이 끝난 뒤에 민간에서도 유용하게 쓰이곤 한다. 제2차 세계 대전이 일어나자 미국의 수학자 조지 댄치그(George B. Dantzig)는 미국 공군에서 군대를 효율적으로 운영하는 방법을 연구했다. 비용을 최대한 아끼면서 적에게 더 많은 타격을 줄 수 있도록 물자를 지원하고 배치하는 수학 모형을 개발했는데, 여기서 선형 계획법(linear programming)이 나왔다. 선형 계획법은 방정식과 부등식으로 최선의 방법을 찾아내는 방법이다. 댄치그의 연구는 1947년까지 군사 기밀이었으나 지금은 경영을 비롯한 여러 분야에서 최선의 계획을 세우는 데 널리 쓰인다.

이제 군사 작전의 효율성을 높이기 위해 수학을 활용하는 것은 당연한 일이다. 1916년에 영국의 엔지니어 프레더릭 란체스터(Frederick W. Lanchester)가 미분 방정식을 이용해 만든 란체스터 법칙(Lanchester's laws)은 여러 전투 모형의 기본으로 쓰이고 있다. 과거보다 쓰이는 무기와 전쟁의 양상도 다양하기 때문에 이런 전투 모형은 아마 이전보다도 훨씬 복잡할 것이다. 전쟁 시뮬레이션인 '워 게임(wargame)' 역시 수학의 도움이 없으면 만들 수 없다.

전쟁 결과를 예측하는 수학이 있다면?

만약 수학으로 전쟁을 완벽하게 시뮬레이션할 수 있다면 어떨까? 두 진영이 전쟁을 시작한다고 할 때 수학으로 어느 쪽이 이길지, 양측의 피해는 어느 정도가 될지 계산해서 예측할 수 있을까? 만약 그렇다면 전쟁할 필요가 없어질 테니 얼마나 좋을까? 두 나라 사이에 분쟁이 벌어지면, 당시의 상황으로 시뮬레이션을 돌려 본 뒤 결과에 따라서 지는 쪽이 이기는 쪽에게 얼마를 배상하기로 하고 악수하고 헤어질 수도 있을 것이다. 지는 쪽은 속이 쓰리겠지만, 사람이 죽지 않을 수 있다는 게 어딘가.

물론 이건 허황된 생각이다. 장담할 수는 없지만, 당분간은 누구나 결과를 인정하고 따를 만한 수학 모형이 나올 수 없을 것이다. 설령 그런 게 있다고 해도 누군가는 '붙어 봐야 아는 거지!'라며 싸움을 시작하기 마련이다.

게다가 아무리 훌륭한 수학 모형이라고 해도 예측하기 어려운 요소는 반드시 있다. 특히 정량화하기 어려운 요소가 너무 많다. 가령 병사의 사기나 숙련도는 어떻게 측정할 것인가? 이런 요소는 수치로 나타내기 어렵고 예상치 못한 상황에 시시각각 변한다. 평시에는 전쟁이 터진 뒤의 상황이나 심리를 미리 알기 어렵다. 전쟁에 영향을 끼치는 국제 정세도 수학 모형으로 예측하기 어렵다. 그런 상황은 언제 어떻게 변할지 모른다.

세상일이 으레 그렇듯이 어디선가 일어난 작은 일이 나비 효과를 일으킬 수도 있다. 미래를 정확히 예측하는 건 누구도 할 수 없고, 어쩌면 앞으로도 그럴 것이다. 만약 수학으로 전쟁의 과정과 결과를 예측할 수 있다면, 그건 미래를 예측할 수 있다는 소리와 같다.

지금으로서는 그런 일이 불가능하지만, 수학을 못해도 한 가지만은 예측할 수 있을 것 같다. 한반도의 종전이 휴전보다는 낫다는 것. 수학이 전쟁에 도움이 되었고 그 과정에서 발전한 수학이 사회에도 도움이 되었다고 하지만, 사실 수학이 전쟁을 아예 없애는 데 도움이 되면 좋을 것 같다. 그런 건 어떻게 해야 가능할까?

지구를 구하라!

6장

인간이 만든 세상도 영원할 수는 없을 테니 분명히 언젠가는 끝이 날 것이다. 많은 사람이 인간 세상의 끝을 상상했고, 가능한 시나리오도 여럿 나왔다. 멸망을 다룬 소설이나 영화도 수도 없이 나왔다. 예전에는 핵전쟁이나 치명적인 전염병, 소행성 충돌, 기계의 반란 같은 대규모 사건이 멸망의 이유로 주로 등장했고, 태양 표면의 폭발(혹은 태양 광량의 감소)이나 외계인 침공 같은 시나리오도 볼 수 있었다. 혹은 자연스럽게 문명이 쇠퇴하면서 인간 사회가 무너진다거나.

요즘에는 대세가 정해진 느낌이다. 바로 기후 변화다. 요즘 내가 보고 읽는 많은 이야기에서 인간 사회의 지속을 위험에 빠뜨리는 건 대개 기후 변화다. 예전에도 온난화로 세상이 멸망하는 이야기는 있었지만, 이제는 명실공히 1순위로 자리매김한 것 같다.

아무래도 직접 피부로 느낄 수 있는 현상이기 때문일 것이다. 기후 변화 때문에 큰일인 건 분명해 보인다. 폭염과 한파, 가뭄, 슈퍼 태풍, 산불 등 기후 변화로 인한 재난이 세상 여기저기서 일어나고 있고, 기후 과학자들은 탄소 배출을 줄여야 한다고 연일 재촉하고 있다.

이상 기후도 가끔 일어날 때나 이상 기후지 지금은 기후가 이상한 게 당연한 일이 되어 버렸다. 기후가 변하면 그것으로 끝이 아니고 식량이나 물을 둘러싼 분쟁과 전쟁도 일어나기 마련이다.

기후 변화를 돌이키기에는 이미 늦었다고 생각하는 이들도 있다. 이제 와서 탄소 배출을 중단한다고 해서 온난화를 돌이킬 수는 없다는 소리다. 정말 그런지 아닌지는 알 수 없지만, 사안의 중대함을 고려하면 모두가 지금보다 훨씬 난리를 쳐야 하는 건 맞다.

솔직히 말하면, 나도 이미 늦은 게 아닌가 하는 생각을 자주 한다. 여기저기서 탄소 발생을 줄이려고 노력하는 건 알지만, 그 정도로는 충분하지 않을 것 같다. 그리고 얼마나 많이 줄일 수 있을지도 모르겠다. 2050년까지 탄소 배출을 0으로 만들겠다고 하지만, 고개가 갸웃거려지는 게 사실이다. 기후 변화를 저지하려면 지금 우리가 누리는 많은 것을 포기해야 하는데, 그건 정말 쉽지 않은 일이다. 당장 나부터도 온실 기체 배출에 큰 비중을 차지하는 육식을 포기하지 못할 것 같다.

석기 시대로 돌아갈 게 아니라면 문명을 유지하면서도 가능한 한 효율적으로 탄소 배출을 줄여야 한다. 그러려면 일단 지구의 현재 상태와 앞으로의 변화에 관해 가능한 한 정확히 알아야 한다. 지구

환경이 어떤 경로로 나아가고 있는지를 알면 무엇을 어떻게 해야 할지 판단하는 데 도움이 된다. 그리고 여기에 수학이 기여할 수 있다.

지구를 위한 수학

2009년 북아메리카 지역의 수학 연구소들은 장기간의 협동 과제로 삼을 만한 주제를 찾고 있었다. 워크숍과 학회, 교육 활동을 구성해 진행하려는 계획이었는데, 주제로 잡은 게 '기후 변화와 지속 가능성'이었다. 이 계획은 다음 해에 열린 세계 수학자 대회에서 널리 알려졌고, 2012년에는 유네스코(UNESCO)의 후원을 받았다. 그 결과 점점 더 많은 연구 기관이 참여하며 2013년에 세계 여러 곳에서 워크숍, 전시, 대중 강연 등의 다양한 행사가 열렸고, 이 일련의 활동을 '지구를 위한 수학 2013(Mathematics of Planet Earth 2013, MPE 2013)'이라고 불렀다.

공식 홈페이지에 따르면, 세계가 겪는 문제를 해결하는 데 수리 과학이 어떤 방식으로 유용할 수 있는지를 보여 주기 위해 만든 계획이다. 나는 2014년에 수학 잡지 편집장을 맡으면서 처음 이 계획에 관해 들어 보았다. 그리고 한동안 잊고 있었는데, 마침 기후 변화와 수학에 관해 생각하다가 다시 떠올라서 그 뒤로 어떻게 되고 있는지 찾아보았다.

2013년 이후 '지구를 위한 수학'은 지금까지 이어지고 있고, 수학 연구 및 교육의 한 분야로 자리 잡고 있다. 미국 럿거스 대학교 이산 수학 및 이론 컴퓨터 과학 센터는 5년간 워크숍을 조직했고, 미국 산업 응용 수학회는 MPE에 관한 활동 그룹을 만들어 2년마다 학회를 연다. 2020년부터는 이 분야에서 중요한 업적을 남긴 사람에게 상을 수여하고 있다. 또 영국에서는 임페리얼 칼리지 런던과 레딩 대학교에 이 분야의 박사 학위 교육을 할 수 있는 과정을 만들었다. 뿐만 아니라 세계 여러 곳에서 비공식적으로도 이 분야를 연구하는 수학자가 있다.

MPE의 주요 연구 주제는 크게 네 가지로 나눌 수 있다. 첫째, 지구 시스템이다. 대기와 바다의 변화를 예측하며 기후, 천연 자원, 지속 가능성과 같은 주제를 다룬다. 둘째, 생명을 지탱하는 시스템으로서의 지구다. 인구 변화, 전염병, 생태계, 생물 다양성 등이 여기에 들어간다. 셋째는 인간이 만든 시스템이다. 도시의 기반 시설, 에너지, 수송, 식량 안정성 등을 다룬다. 마지막으로 기후 변화와 같은 위기에 처한 지구다.

지구의 변화를 다루며 미래를 예측해야 하는 분야다 보니 자연히 수학 이외의 다른 학문과 접점이 많다. 통상적인 수리 과학의 경계를 넘어 다른 분야와 적극적으로 교류해야 할 수밖에 없다. 수학은 왠지 세상과 동떨어져 있는 것처럼 여기던 예전과 달리 이제는 꽤 자연스럽게 들리는 이야기다.

지구의 미래 예측하기

수학이 단독으로 기후 변화를 막을 수는 없지만, 수학 모형은 기후 변화의 속도와 양상을 정확하게 예측하는 데 도움이 된다. 그러면 자연히 기후가 바뀐 미래에 대비하는 데도 도움이 된다.

예를 들어, 빙하를 보자. 극지나 높은 산간 지대의 빙하는 기후 변화를 보여 주는 좋은 지표다. 어느 산의 빙하가 얼마나 줄었다거나 북극 빙하가 생각보다 더 빨리 줄어들고 있다는 등의 뉴스를 한 번쯤은 본 적이 있을 것이다. 빙하가 녹아 바다로 들어가면 해수면이 높아져 저지대가 사람이 살 수 없는 곳으로 변하는 등 막대한 피해가 생긴다. 따라서 빙하가 얼마나 빠른 속도로 녹는지 알아내는 건 대단히 중요하다.

수많은 변수가 있는 방정식을 이용해 자연 현상을 나타내는 게 쉬울 리는 없다. 문외한의 머리로 생각해도 당장 여러 가지 변수가 떠오른다. 기온과 수온, 일조량, 빙하의 표면적, 반사율 등등. 실제로는 변수가 훨씬 더 다양하고 복잡할 것이다.

이 분야를 연구하는 케네스 골든(Kenneth M. Golden) 미국 유타 대학교 교수의 연구를 소개한 자료를 보니 내가 생각도 하지 못했던 요소까지 모두 고려의 대상이 되고 있었다. 바다의 빙하는 내부에 미세한 빈 공간이 많은데, 이 속으로 바닷물이 드나든다. 이때 빙하의 구조와 여기를 드나드는 바닷물의 작용은 빙하가 녹는 현상에 영

6장 지구를 구하라!

향을 끼친다. 조금 전에 내가 무심코 언급한 반사율도 알고 보니 생각보다 복잡했다. 빙하 표면에서 얼음이 녹으면 물 웅덩이가 생기는데, 물 웅덩이는 얼음보다 어두워서 태양 에너지를 더 많이 흡수한다. 이 웅덩이가 빙하 표면에 어떤 패턴으로 얼마나 생기는지는 빙하의 태양빛 반사율 및 투과율에 영향을 끼친다.

빙하가 녹아 해수면이 얼마나 올라갈지를 예측하는 것도 생각보다 복잡하다. 빙하가 녹아 바닷물이 되는 양을 이용해 계산하면 될 것 같은데, 지구가 완전히 동그랗지 않다는 문제가 있다. 땅이 골고루 퍼져 있는 것도 아니다. 지구의 중력 가속도는 위치에 따라 조금씩 다르다. 극지의 거대한 빙하도 질량이 크기 때문에 중력을 발휘해 바닷물을 끌어당긴다. 또 빙하처럼 무거운 물체는 땅을 짓눌러 지구표면의 모양을 바꾸어 놓는다. 따라서 지구의 모든 곳에서 해수면이 똑같이 높아진다고 할 수 없다. 세계 각지의 해수면 상승을 파악해 그에 맞게 대비하려면 빙하가 녹으면서 늘어나는 바닷물의 양뿐만 아니라 이런 현상을 모두 고려해야 하는 것이다.

알아야 구할 수 있으리라

이런 내용을 보는 내 머릿속에서 떠오르는 생각은 '복잡하다! 복잡해!'뿐이다. 요즘 들어 세계적인 위기라고 하는 현상은 하나같이 보면 볼수록 복잡하고 골치 아픈 것뿐이다. 사회의 일원으로 나름대로 다가오는 파국을 늦춰 보려고 노력하지만, 어떻게 해야 할지 모르는 게 너무 많다. 내가 하는 행동이 지구에 어떤 영향을 끼칠지 도무지 가늠이 되지 않아서다.

우습게 들릴지는 모르겠지만, 라면을 끓일 때 찬물을 받아서 끓이는 것과 정수기에서 온수를 받아 끓이는 것 중에 어느 쪽이 에너지를 덜 쓰고 이산화탄소를 덜 배출할지 생각해 본 적도 있다. 정밀하게 계산한다면 답을 구할 수 있을지도 모르겠지만, 내 능력을 벗어나는 일이기에 실제로 해 보지는 못했다.

코로나19도 이런 점을 절실히 느끼게 했다. 뉴스를 보면 '그냥 이러이러하게 하면 되지 않나? 답답하게 왜 저러지?'라는 생각이 들 때가 있는데, 나중에 보면 그렇게 간단한 게 아니었다는 사실을 깨닫게 된다. 내가 상상조차 하지 못했던 수많은 요소가 복잡하게 얽혀 사회 전체에 영향을 끼친다.

우리가 생존하기 위해 해결해야 할 문제는 많다. 당면한 기후 변화부터 생태계, 에너지, 식량, 전염병, 도시 기반 시설 등 여러 분야에 온갖 문제가 퍼져 있고 서로 엮여 있기도 하다. 대처하려면 변화를 제대로 파악해야 하는데, 하나같이 너무 복잡해서 쉽사리 이해하기 어려운 현상이다. 이걸 이해하게 해 주는 수학이라면 지구를 구하는 수학이라는 이름도 걸맞지 않을까.

일하면서
수학 생각하기

2부

수학은 나만 어려운 게 아냐

나이를 먹다 보니 이런저런 능력이 떨어지는 것을 느끼는데, 그중 하나가 암산 능력이다. 어떤 일을 처리하거나 혹은 글을 쓸 때 필요한 계산을 하다 보면 예전보다 실수가 잦다. 자신감도 떨어져서 계산을 해 놓고도 확신이 없어서 계산기로 확인해 볼 때가 많다. 한창 입시 공부를 하던 고등학교 때는 나중에 자식을 낳아서 기르면 수학을 내가 직접 가르쳐야겠다고 생각했던 적도 있는데, 지금은 그게 얼마나 큰 만용이었는지를 뼈저리게 느낀다.

간혹 인터넷에 올라오는 수능 수학 문제를 보면 도대체 옛날에 내가 어떻게 이런 걸 풀었나 싶다. 아주 간단한 문제 한두 개는 아직도 풀 수 있는데, 뒤로 갈수록 감도 오지 않는다. 지금은 어려운 문제는 고사하고 그냥 돈 계산만 빠르고 정확하게 할 수 있어도 좋겠다는 생각이 든다. 학창 시절에 수학을 더 열심히 공부했거나 취미로 수학 문제를 풀던 옛 직장 동료처럼 두뇌 계발 차원에서 계속 수학을 놓지 않았다면 더 나았을까?

수학 천재라고 계산 천재는 아냐

실제로 이름난 수학자 중에는 엄청난 암산 능력을 보여 주는 사람도 있다. 헝가리 태생으로 수학, 컴퓨터 과학, 양자 역학, 경제학, 통계학 등 다양한 분야에 업적을 남긴 존 폰 노이만(John von Neumann)이 그렇다. 노이만에 관해서는 이런 일화가 있다. 누군가 노이만에게 다음과 같은 문제를 냈다.

자전거 2대가 서로 20마일 떨어진 곳에서 상대방을 향해 출발했다. 각 자전거는 시속 10마일로 움직인다. 동시에 파리 한 마리가 한 자전거 앞바퀴에서 출발해 시속 15마일로 두 자전거 사이를 계속해서 왕복한다. 두 자전거 앞바퀴가 만나서 짓눌려 죽을 때까지 그렇게 한다. 이때 파리가 이동한 총 거리는 얼마일까?

아마 학생 시절에 문제집에서 이 문제를 본 사람이 많을 것이다. 나도 중학생 때인가 본 적이 있다. 무한 급수를 이용해서 풀 수 있지만, 중학생에게 무한 급수 문제를 낼 리는 없다. 이건 영리한 발상을 요구하는 문제다. 파리가 움직이는 방향은 생각하지 않아도 된다. 그냥 자전거 2대가 만날 때까지 걸리는 시간과 파리의 속도를 곱하면 간단하게 풀린다.

노이만이 순식간에 답을 내놓자 질문한 사람은 "아, 속임수를 알아채셨군요?"라고 말했다. 금세 답을 내놓은 걸 보고 쉽게 푸는 방법을 알아냈을 거라고 생각했던 것이다. 그러나 노이만은 "무슨 속임수요? 무한 급수로 풀었는데요."라고 대답했다고 한다.

노이만 같은 사람 때문에 수학 천재는 암산에 대단히 뛰어나다는 인식이 퍼져 있다. 특히 일상 생활에서 수학은 산수, 계산을 뜻하는 경우가 많다. 그러다 보니 수학을 잘한다고 하면 으레 계산을 잘한다는 생각이 들게 마련이다. 하지만 몇몇 사례를 보면 꼭 그렇지만도 않다. 수학자에 관한 흔한 오해 중 하나가 당연히 계산 실력이 뛰어날 것이라는 선입견이다. 훌륭한 업적을 남긴 뛰어난 수학자이면서도 계산에는 젬병인 사람도 있다.

필즈 상 수상자이기도 한 프랑스의 수학자 알렉산더 그로텐디크(Alexander Grothendieck)는 수업 중에 소수의 예로 57을 제시했다는 이야기가 있다. 사실 57은 3으로 나누어지므로 소수가 아니다. 그래서 57을 농담 삼아 '그로텐디크 소수'라고 부르기도 한다. 19세기 독일 수학자 에른스트 쿠머(Ernst Kummer)는 7 곱하기 9 같은 간단한 계산도 헷갈려서 머뭇거리곤 했다.

역으로 계산을 잘하는 사람이 뛰어난 수학자가 되는 건 아니라는 사실을 봐도 계산 능력과 수학적 사고력이 반드시 비례하는 것은 아니다. 수학 능력이 뛰어나다는 건 문제 해결 능력이 뛰어나다는 뜻이다. 여기에는 "최소한의 시간을 들여 식사를 준비하고 청소하고 아이를 씻기려면 어떻게 해야 할까?"와 같은 일상 생활 속의 문제도 포함된다.

그래서 우리나라도 얼마 전부터는 실생활과 연관 지어 창의력과 사고력을 기르기 위해 문장제 수학 문제를 도입했다. 문제 상황을 서술형으로 제시하기 때문에 내용을 이해하고 절차에 맞게 수학 기호로 바꾸어야 답을 구할 수 있다. 수학적 사고력이 뛰어나면 이 과정을 쉽게 해내는 것이다.

구조가 같은 문제도 다르게 푼다

얼마 전에 이와 관련된 흥미로운 논문이 하나 나왔다. 프랑스와 스위스의 공동 연구진이 2019년 6월 28일 《심리 작용학 회보(*Psychonomic Bulletin & Review*)》에 발표한 논문인데, 고등 수학 교육을 받은 전문가도 문제를 표현하는 방식에 따라 초등학교 수준의 문장제 수학 문제를 맞히지 못할 수 있다는 내용이다. 이 연구의 출발점에는 2010년 학술지 《러닝 앤드 인스트럭션(*Learning and Instruction*)》에 실린 한 논문이 있다. 일단 문제 하나를 보자.

무게 문제

조는 무게가 5킬로그램인 러시아어 사전을 들고 있다.

조는 스페인어 사전도 들고 있다.

조가 든 무게는 총 14킬로그램이다.

롤라는 조의 스페인어 사전과 독일어 사전을 들고 있다.

독일어 사전은 러시아어 사전보다 2킬로그램 가볍다.

롤라는 몇 킬로그램을 들고 있을까?

시간 문제

톰은 5년 동안 그림 수업을 들었다.

톰은 특정 나이에 그림 수업을 듣기 시작했다.

톰은 14세 때 그림 수업을 중단했다.

루시는 톰과 똑같은 나이에 그림 수업을 듣기 시작했다.

루시는 톰보다 그림 수업을 2년 적게 들었다.

루시는 언제 그림 수업을 중단했을까?

무게 문제는 두 가지 방법으로 풀 수 있다. 먼저 러시아어 사전의 무게가 5킬로그램이고, 총합은 14킬로그램이므로 스페인어 사전의 무게는 9킬로그램이다. 따라서 독일어 사전은 5−2=3킬로그램이고, 롤라가 든 무게는 9+3=12킬로그램이다.

하지만 스페인어 사전의 무게를 계산하지 않고도 문제를 풀 수

7장 수학은 나만 어려운 게 아냐

있다. 스페인 어 사전은 둘 다 공통으로 들고 있으므로 독일어 사전이 러시아 어 사전보다 2킬로그램 가볍다는 사실을 이용하는 것이다. 그러면 14−2＝12킬로그램이 된다. 첫 번째 방법을 3단계 풀이, 두 번째 방법을 1단계 풀이라고 하자. 시간 문제도 마찬가지다.

이 두 문제의 표현은 다르지만, 수학적으로 나타내면 구조가 똑같다. 그렇다면 이 두 문제를 학생들에게 풀게 한다면 3단계 풀이와 1단계 풀이를 선택하는 비율이 서로 비슷해야 하지 않을까? 그러나 2010년 논문에 따르면, 희한하게도 무게로 나타낸 문제를 풀 때는 3단계 풀이를 쓰고 시간 문제를 풀 때는 1단계 풀이를 쓰는 경향이 있었다. 문제의 표현 방식에 따라 풀이 방법을 다르게 적용했던 것이다.

14 빼기 2를 몰라?

2019년에 논문의 연구진은 앞의 문제 형식을 살짝 바꾼 뒤 대학교 이상의 교육을 받은 일반인과 입학이 까다로운 명문대 이공계 학생을 대상으로 실험했다. 제공하는 정보를 하나 줄였기 때문에 바뀐 문제는 1단계 풀이로만 풀 수 있었다. 문제 예시는 다음과 같다. 양적 문제는 총합, 집합 등으로 나타낼 수 있는 문제고, 순차적 문제는 시간 축과 같은 축을 이용해 나타낼 수 있는 문제다.

양적 문제

폴은 빨간 구슬 몇 개를 갖고 있다.

폴은 파란 구슬도 갖고 있다.

폴은 합쳐서 구슬 14개를 갖고 있다.

졸렌은 폴과 같은 수의 파란 구슬을 갖고 있으며, 초록색 구슬도 몇 개 가지고 있다.

졸렌의 초록색 구슬은 폴의 빨간 구슬보다 2개 적다.

졸렌은 구슬을 총 몇 개 갖고 있을까?

순차적 문제

소피아는 몇 시간 동안 여행했다.

여행은 낮에 시작했다.

소피아는 14시에 도착했다.

프레드는 소피아와 같은 시각에 떠났다.

프레드는 소피아보다 2시간 적게 여행했다.

프레드는 몇 시에 도착했을까?

이 두 문제의 풀이는 14−2=12로 똑같다. 수학 기호로 나타낸 문제만 놓고 보면, 초등학교 저학년도 풀 수 있을 정도로 쉽다.

연구진은 이와 같은 형식의 문제를 모니터에 한 줄씩 띄우는 방식으로 실험했다. 참가자는 스페이스 바로 문제를 한 줄씩 넘기며 읽어 나간다. 문제가 다 나오면 이어서 "앞의 정보로 해답을 알아내는 게 가능합니까?"라는 질문이 나온다. 참가자는 "아니오. 해답을 구하기에는 정보가 부족합니다."와 "예. 정답은 ****(문제에 따른 정답 표시)입니다." 중에서 하나를 고르면 된다. 일부러 중간중간에 실제로 풀 수 없는 가짜 문제도 끼워 넣었다.

연구진의 가정은 이랬다. '순차적 문제를 풀 때 1단계 풀이를 더 많이 이용한다. 따라서 두 형태 모두 1단계 풀이만 가능하게 한다면, 순차적 문제 풀이의 정답률이 높을 것이다.'

실험 결과는 이 가정이 참임을 입증했다. 대졸 일반인 집단에서 양적 문제의 정답률은 47퍼센트에 그친 반면, 순차적 문제의 정답률은 82퍼센트였다. 논문에서 '전문가'로 지칭한 명문대 출신 집단에서도 양상은 비슷했다. 양적 문제의 정답률은 76퍼센트, 순차적 문제의 정답률은 95퍼센트였다.

틀려도 부끄러워 말고

이 연구는 우리가 수학적 사고력을 발휘할 때 언어적 표현 방식이나 의미, 수학 외적인 지식에 영향을 받는다는 사실을 시사한다. 산수 문제는 못 풀어서 쩔쩔매도 게임 캐릭터의 공격력, 방어력 계산은 귀신같이 해내는 아이가 있을 수 있듯이 수학적 사고력도 현실 세계에 관한 지식이나 관심과 떼어 놓을 수 없는 모양이다.

수학 공부를 갓 시작한 초등학생만 그런 것도 아니다. 고등 교육을 받은 성인, 추상적 추론에 익숙한 수학 전문가 역시 수학 외적인 정보에 영향을 받았다. 또 하나 눈길을 끄는 건 정답률 100퍼센트가 나오지 않았다는 사실이다. 14 2=12라는 사실을 모를 리 없는 사람들이 초등학생 수준의 문장제 문제에 보기 좋게 당해 버린 것이다.

간단한 계산도 틀리곤 하는 천재 수학자나 오랜 기간 수학적 훈련을 받았으면서도 초등학교 문제에 속아 넘어가는 고학력자들을 생각하면 수학이 쉬운 게 아닌 건 분명한 것 같다. 물론 간단한 산수 가지고서 수학 운운할 수는 없겠지만, 수 감각과 수학적 사고력을 언제나 빈틈없이 유지하는 게 쉽지는 않아 보인다는 소리다.

컴퓨터를 뇌에 이식한다거나 하는 일이 생기지 않는 한 우리는 아마도 계속해서 계산 실수를 하거나 별것 아닌 문제를 틀릴 것이다. 수학은 원래 어려운 거니 틀려도 어쩔 수 없다고 생각할지도 모르겠지만, 수학으로 먹고사는 사람도 쉬운 문제를 틀릴 수 있다는 사실을 생각하며 너무 낙담하지는 말자.

수학자가 먹고사는 법, "내 칠판을 봐!"

8장

흔히 수학자는 종이와 연필만 있으면 일을 할 수 있다고 한다. 물론 요즘에는 컴퓨터도 많이 쓰지만, 그 정도도 컴퓨터를 안 쓰는 일이 어디 있으랴. 아무튼 실험 장비가 필요한 다른 자연 과학 분야와 비교하면 거의 쓰는 게 없다는 소리다.

이 글을 쓰기 얼마 전에 트위터를 통해 재미있는 글을 접했는데, 수학과 수학자 그리고 칠판의 관계에 관한 내용이었다. 수학을 가르치고 배우는 교실에서, 수학자들이 모여서 연구하는 세미나실에서, 혹은 휴게실에서 쓰이는 칠판에 관한 이야기였다. 칠판이 교육과 연구에 여전히 유용한 도구일 뿐만 아니라 거꾸로 수학 연구에도 모종의 제약을 가함으로써 영향을 끼칠 수 있다는 내용이 재미있었다.

그러고 보니 예전에 수학자를 인터뷰하러 연구실에 찾아갔을 때가 떠올랐다. 연구실이야 별다를 게 없지만, 한쪽 벽에 수식이 쓰여 있는 화이트 보드가 있는 경우가 많았다. 나로서야 내용을 알 수 없었지만, 수학 수식이니만큼 연구실 안에 이보다 수학자를 더 잘 보여 줄 수 있는 게 어디 있을까 하는 생각을 했다. 인터뷰용 사진을 찍을 때는 으레 그 앞에서 포즈를 취해 달라고 요청했다.

우리나라에서도 인기를 끌었던 미국 드라마 「빅뱅 이론(The Big Bang Theory)」의 한 장면도 떠올랐다. 주인공인 물리학자 두 사람이 여자 앞에서 각자 자신의 화이트 보드를 뽐내는 장면이었다. 수학 공식이 잔뜩 쓰여 있는 보드를 보고 여자는 (아마도 예의상) 감탄을 해 준다. 「빅뱅 이론」에는 그 장면 말고도 주인공이 보드를 골똘히 바라보며, 혹은 뭔가를 바꾸거나 써 가면서 연구하는 모습이 종종 나온다. 때로는 서로 이러쿵저러쿵 논의도 해 가면서. 그런 모습을 보면서 '학교 다닐 때 저런 칠판을 하나 갖다 놓고 공부했다면 어땠을까?'라고 생각해 본 적도 있다.

칠판의 추억

학교를 졸업한 뒤로는 칠판보다는 화이트 보드를 보는 일이 더 많지만, 앞에서 언급한 트위터 글은 주로 분필 가루 날리는 칠판을 가지고 이야기했다. 비슷하지만, 수학자들이 쓰기에는 뭔가 다른 점이 있는 모양이다. 나는 수학자가 아니라 칠판을 써서 연구해 본 적은 없지만, 학교에서 수학을 배운 적은 있다. 그때는 별생각 없이 선생님이 문제 푸는 모습을 보기만 했던 것 같지만, 언급한 글을 계기로 칠판이 내 수학 공부에 어떤 역할을 했는지 생각해 보기로 했다.

비록 이공계였지만 수학이 중요한 전공은 아니었으니, 내가 칠판으로 수학을 배운 경험을 한 선 사실상 고등학교 때가 마지막이다. 칠판은 교실의 한쪽 벽에 있지만, 사실상 모두의 시선을 받는다. 바로 앞에 선생님이 서 있고, 선생님은 칠판에 계속해서 식을 쓰며 이게 어떻게 해서 이렇게 되는 건지 설명한다.

지금은 어떤지 모르겠는데, 그때는 판서에 굉장히 능한 선생님들이 있었다. 수학도 예외는 아니어서 여러 가지 기호가 들어간 공식을 마치 인쇄한 것처럼 깔끔하고 멋들어지게 쓰는 분도 있었고, 자와 컴퍼스를 쓴 것처럼 좌표나 도형을 그리는 분도 있었다. 분필을 역방향으로 세우고 힘을 줘 드르륵 하며 점선을 그리는 기술도 있었는데, 나 역시 쉬는 시간이 재미로 따라 해 봤던 기억도 난다.

수학 시간은 보통 선생님이 칠판에 문제를 풀면서 그 과정을 설명하는 방식으로 이루어졌다. 한 줄 한 줄 식을 써 나가면서 왜 위의 식이 아래처럼 변하는지 설명하고, 도형 문제 같으면 차례로 선을 그으면서 왜 이 각이 저 각과 크기가 같은지 등을 보여 주기도 했다. 그 순서는 선생님의 머릿속에서 벌어지는 과정과 똑같았다. 물론 따라오지 못할지도 모를 학생들을 위해 좀 더 작은 단계로 나누었을 수는 있지만.

비어 있던 칠판에 하나씩 생기는 식을 따라가는 건 가르치는 사람의 머릿속 논리를 하나씩 따라가는 것과 같다. 수십 명이 동시에 그렇게 할 수 있으니 상당히 효과적인 수단인 셈이다. 만약 말로만 설명한다면 듣는 사람의 머릿속에 명확히 떠오르지 않아 이해하기 아주 어려웠을 것이다.

때로는 몇 명씩 앞으로 불려 나가 칠판에 적힌 문제를 푸는 일도 있었다. 이때는 각자의 머릿속에서 벌어지는 논리의 흐름을 꺼내 놓게 된다. 같은 문제를 놓고 서로 어떻게 생각하는지 비교할 수 있다는 장점이 있지만, 제대로 풀지 못했을 때는 창피하기도 하고 때로는 몇 대 얻어맞기도 했으니(옛날 얘기다.) 썩 좋은 경험만은 아니다.

연습장은 논리의 기록

혼자 수학을 공부할 때 내게 칠판 역할을 한 건 연습장이었다. 줄도 쳐지지 않은 빈 종이를 묶어 놓은 게 연습장인데, 다른 과목보다 주로 수학을 공부할 적에 많이 썼던 것 같다. 수학을 공부한다는 건 곧 연습장에서 여러 가지 문제를 풀어 보는 것과 다를 바 없었다. 다 쓴 연습장을 모아 놓으면 '내가 이만큼이나 공부했구나.' 하는 뿌듯함도 느낄 수 있었다.

연습장에 수학 문제를 풀면 답이 나오기까지의 과정을 나중에 돌이켜 볼 수 있다. 연습장은 틀린 부분을 지우면서 깔끔하게 쓰는 공책과는 다르다. 문제를 풀어 나가다가 아니다 싶으면 멈추고, 몇 단계 앞이나 처음으로 되돌아가 옆이나 근처 빈 공간에 다른 방법을 써서 다시 푼다. 이런 식으로 문제 하나를 푸는 데 종이를 몇 장씩 쓸 때도 있다. 문제를 푸는 과정에서 내가 겪은 시행착오가 고스란히 저장되는 셈이다. 하도 안 풀려서 볼펜으로 벅벅 그으며 성질을 부려 놓은 부분까지.

수학 기호를 사용해 구체적으로 식을 적어 나가는 건 어렴풋한 생각을 정리하는 데도 도움이 된다. 어떤 문제의 풀이가 막연하게는 떠오르는데, 막상 식으로 나타내서 정리하다 보면 풀리지 않는 경우를 다들 겪어 보았을 것이다. 머릿속에서 빙빙 도는 아이디어는 종이 위에 적어야 비로소 선명하게 드러난다. 연습장은 내 머릿속의 생각을 드러내 보여 주는 매체일 뿐만 아니라 엉성한 논리를 가다듬는 도구이기도 하다.

내게 있어 연습장은 칠판이나 마찬가지였지만, 크기가 작아서 친구 한두 명에게나 보여 줄 수 있었을 뿐 많은 사람과 공유할 수는 없었다. 고등학교 3학년이 되어서는 당시 대입에 있었던 본고사에 대비해 몇몇 친구들과 문제 풀이 모임을 만든 적이 있는데, 그때는 빈 교실에서 칠판을 이용해 각자 자신이 찾아온 풀이법을 공유했다.

8장 수학자가 먹고사는 법, "내 칠판을 봐!"

칠판과 분필이 수학의 지형을 바꾼다?

고작 고등학교 수학 문제를 적어 놓고 몇 명이 모여서 어떻게 풀까 궁리하는 걸 수학자들의 연구와 세미나에 비교하려는 건 당연히 아니다. 하지만 그런 행위 자체에는 서로 통하는 구석이 있을 것이다.

맨 처음에 언급했던 글에서 칠판의 역할을 어떻게 설명했는지 간단히 살펴보자. 먼저 교실이든 세미나실이든 칠판의 위치는 시선이 가야 할 곳, 사람들이 앉아야 할 곳을 자연스럽게 정해 준다. 설명하는 사람은 칠판 앞에 서서 말을 하고, 뭔가를 쓰거나 그리고, 몸짓과 손짓을 해 가며 이야기한다. 고등학교 수학 시간과 비슷하게, 청중은 순서대로 늘어나는 수식이나 도형을 보며 논리의 흐름을 이해할 수 있다.

때로는 연사가 오류를 깨닫거나 청중의 지적에 따라 칠판에 쓴 내용을 바꾸기도 한다. 학교에서도 수업 시간에 선생님이 틀린 부분을 지우개조차 쓰지 않고 손으로 쓱쓱 문질러 지우고 다시 쓰는 모습을 본 적이 있을 것이다. 어떨 때는 논리적인 흐름에 따라 식이 변하는 과정에서도 앞선 식을 쓱 지우고 그 위에 다시 쓰기도 한다. 수학은 과정이 중요해서인지 앞선 식과 나중의 식 사이의 연속성을 만들어 주는 건 수학자에게 대단히 중요하다고 한다. 칠판을 이용하면 이런 일을 간단히 할 수 있다.

반대로 칠판이 수학을 연구하고 이해하는 방식에도 영향을 끼칠 수도 있다. 만약 연구하는 내용이 칠판 혹은 종이에 적어서 나타내기에 적절하지 않다면 어려움을 겪을 수 있다. 컴퓨터 같은 첨단 장비를 동원할 수는 있겠지만, 칠판은 여전히 수학자들 사이에서 강력한 의사 소통 수단이다.

게다가 오늘날의 수학은 너무 복잡해서 어느 한 사람이 모든 것을 해내기는 어렵다. 공동 작업이 필수적인데, 만약 그 내용이 칠판으로 전달하기 어려운 내용이라면 많은 수학자에게 전달하기 어려워 공동 연구에도 지장이 생길 수 있다. 앞서 언급한 트위터 글의 저자는 가장 추상적인 원리를 다루는 수학이 칠판과 분필이라는 지극히 평범한 필기 도구에 큰 영향을 받는다는 사실이 역설적이라고 말한다.

흔히 천재들의 머릿속에는 커다란 칠판이 있어서 그 안에서 자유롭게 기억하고 생각하고 계산한다고 한다. 예를 들어 천재로 유명한 수학자 존 폰 노이만의 경우 머릿속에 1만 제곱미터 크기의 칠판이 있었다는 이야기가 있다. 이런 사람들은 좁은 칠판에다 써 가면서 설명하는 게 영 답답할지도 모른다. 머릿속에 연습장 한 장조차 들어가지 않는 나로서는 상상이 되지 않는 일이다. (이 글의 출발점이 된 트위터 글을 직접 볼 수 있는 링크를 「참고 문헌」에 적어 두었다.)

수학은 혼자 하는 게 아니다

9장

"수학은 혼자 하는 거지요."

몇 년 전에 유명한 수학 교재의 저자를 만났을 때 들은 말이다. 그때 나는 여러 사람이 협력해서 어려운 수학 문제를 해결하는 활동에 관해 이야기하고 있었고, 내심 협력을 바라는 입장이었다. 그분의 이 한 마디에 마음을 접을 수밖에 없었지만.

거기서 논쟁으로 이어지지는 않았던 터라 그분이 무슨 뜻으로 그렇게 이야기했는지는 알 수 없다. 나를 빨리 돌려보내고 싶어서 마음에도 없는 소리를 했을 수도 있고, 당장 입시가 급한 현실에서는 스스로 열심히 공부해서 실력을 키워야 한다는 뜻이었을 수도 있다. 혹은 진심으로 그렇게 생각했을 수도 있다.

수학자들이 모이면 생기는 일

잊고 있던 이 일화가 떠오른 건 그로부터 몇 년 뒤 미국의 온라인 매체 《퀀타 매거진(*Quanta Magazine*)》에 실린 글을 보고 나서였다. 제목은 「팀 스포츠로서의 수학(Mathematics as a Team Sport)」이다. 글쓴이는 2020년 2월에 독일의 수학 연구소인 오버볼파크(Oberwolfach)에 다녀온 경험을 생생하게 전달하고 있다.

코로나19가 심각해지기 직전에 세계 각국에서 온 수학자 50명이 이곳에 모였다. 연구소는 외딴곳에 떨어져 있었고, 수학자들은 자신이 묵을 방의 열쇠도 받지 못했다. 잠을 잘 때는 안에서 잠글 수 있지만, 낮 동안에는 그냥 방문도 열어 놓고 다녀야 하는 곳이었다.

여기 머무는 동안 무엇을 했을까? 수학 이야기를 했다. 글쓴이가 방문했을 때의 주제는 위상학이었다. 누군가 발표를 하면 가서 듣기도 하고, 차를 마시면서 수학 이야기를 나누기도 하고, 산책하면서 수학 문제를 토론하기도 했단다. 친한 사람과만 어울려 이야기하는 건 안 된다. 점심과 저녁 식사 때는 앉는 자리가 무작위로 배정된다. 어쩔 수 없이 처음 보는 사람과도 이야기를 나눌 수밖에 없도록 만든 것이다. '스피드 데이트'처럼 돌아가면서 5분 동안 짧게 자기 연구를 소개하는 활동도 있었다. 예전에 이곳에 다녀온 한국 수학자에게서 들은 내용과 비슷했다.

수학자 수십 명을 한 공간에 모아 놓고 마음대로 이야기하게 만들면 어떤 일이 벌어질까? 누군가는 자기가 틀렸다는 사실을 깨닫게 될 것이고, 누군가는 고민하던 문제의 해결 방법을 찾아낼 것이고, 누군가는 새로운 연구 주제를 떠올릴 수 있을 것이다. 어떤 문제가 풀리고 어떤 문제가 새로 생길지는 모르지만, 수학이 전보다 조금 더 발전하게 된다는 건 확실하다.

한 달쯤 뒤에 글쓴이는 이어지는 내용의 글을 올렸다. 그동안 코로나19 사태가 심각해져 여행이 어려워지자 수학자들도 공동 연구를 위한 만남을 기약할 수 없어서 난감하게 되었다는 것이다. 이메일이나 화상 회의 같은 기술이 있지만, 종일 같은 공간에서 어우러지다가 문득 아이디어가 떠올라 이야기를 시작하는 것을 대신할 수는 없기 때문이다.

알고 보면 협력의 대가

흔히 수학자라고 하면 사회성이 떨어지는 천재, 은둔자와 같은 이미지가 있다. 이런 괴짜 수학자 이미지는 여러 매체를 통해 재생산되며 대중이 바라보는 수학자의 모습을 만든다. 350년 동안 난제였던 페르마의 정리를 해결한 앤드루 존 와일스(Andrew John Wiles)나 필즈 상 수상을 거부한 그리고리 페렐만(Grigori Perelman) 같은 사람이 이런 대중적인 수학자의 이미지를 대표한다.

실제로는 이런 게 드문 사례다. 대부분의 수학자는 여느 사람과 다를 바가 없다. 몇 년 동안 수학 잡지를 만들며 만나 본 수학자 대부분은 수학을 좋아한다는 사실만 빼면 보통 사람과 크게 다르지 않았다. 수학을 좋아하는 것 자체가 특이한 점이라고 한다면 할 말은 없지만.

직접 만나 보면 선입견과 달리 대개 이야기도 잘하고, 농담도 잘하고(재미를 떠나서), 고민도 하고, 취미도 즐기고, 시샘도 하는 평범한 사람이다. 현재 세계 최고의 수학자라고 평가받는 테렌스 타오 (Terence Tao)가 방한했을 때 누군가 자녀의 수학 공부에 관해 물어보자 자기 아들이 컴퓨터 게임을 너무 좋아해서 걱정이라고 했다. 일상의 고민거리도 우리와 별로 다르지 않다!

옛날에도 마찬가지였다. 우리가 아는 가우스나 오일러, 파스칼 같은 유명한 수학자는 사회성이 떨어지는 천재가 아니었다. 이들도 다른 사람과 자유롭게 소통했고, 동료와 의견을 주고받으면서 연구했다. 대표적인 사례가 헝가리 수학자 에르되시 팔(Erdős Pál)이다. 에르되시도 흔히 괴짜 수학자로 알려졌지만, 공동 연구에 관해서라면 독보적인 존재였다. 에르되시는 평생 1,500편 정도의 수학 논문을 남겼는데, 그와 공동 연구를 한 수학자가 줄잡아 500명이 넘는다.

여기서 나온 에르되시 수라는 개념도 있다. 어떤 수학자가 공동 연구를 통해 에르되시와 몇 단계로 이어져 있는지를 나타내는 수다. 에르되시와 직접 공동 연구를 한 수학자의 에르되시 수는 1이다. 에르되시와 직접 공동 연구를 한 적은 없지만 한 다리 건너서 이어진다면, 그 사람의 에르되시 수는 2가 되는 식이다.

오늘날 수학에서 공동 연구의 중요성은 의심의 여지가 없다. 2002년 미국 산업 응용 수학회 소식지에 실린 글에 따르면, 20세기 내내 공동 연구의 비중은 꾸준히 늘어났다. 미국 수학회가 발간하는 《매스매티컬 리뷰스(Mathematical Reviews)》에 실린 1940년부터 1999년까지의 논문과 저자를 분석한 결과, 1940~1950년대에는 단독 저자로 낸 논문이 거의 90퍼센트를 차지했다. 3명 이상의 저자가 공동으로 쓴 논문은 1~2퍼센트에 불과했다. 그런데 1990년대에 이르면 단독 저자의 논문은 50퍼센트대로 떨어진다. 저자가 3명 이상인 논문의 비중도 10퍼센트를 훌쩍 넘어간다.

다른 과학 분야에서는 공저자가 훨씬 더 많은 경우가 비일비재하다. 유럽 입자 물리학 연구소(CERN)의 대형 강입자 충돌기(LHC)를 이용해 힉스 입자의 성질을 밝힌 한 연구 논문의 경우 공저자가 무려 5,000명을 넘는다. 수많은 기관과 연구자가 협업해 수행하는 연구에서 기여한 사람을 하나하나 세다 보면 이 정도가 된다.

수학의 대규모 공동 연구는 가능할까?

수학에서는 얼마나 큰 대규모 공동 연구가 가능할까? 2009년 영국 수학자 윌리엄 티모시 가워스(William Timothy Gowers)는 자신의 블로그에 「대규모 수학 공동 연구는 가능할까?(Is massively collaborative mathematics possible?)」라는 제목의 글을 올렸다. 수많은 컴퓨터를 돌려서 가장 큰 소수를 찾아내는 것처럼 작업을 잘게 쪼개서 나누어 수행하는 형식이 아닌 문제를 많은 사람이 공동으로 풀 수 있겠냐는 것이다.

가워스는 온라인 포럼에 문제를 올려놓고 각자 그 문제에 관한 아이디어를 올리는 방식을 제안했다. 몇 가지 규칙도 제시했다. 그 누구라도 참여할 수 있어야 하며, 글은 짧고 너무 어렵지 않게 써야 한다. 아무리 바보 같은 아이디어라고 해도 예의 없이 비난해서는 안 된다. 일종의 실험으로 시작된 이 협업에는 '폴리매스 프로젝트(Polymath Project)'라는 이름이 붙었다. 폴리매스 프로젝트의 첫 번째 문제는 '헤일스-주잇 정리'와 관련된 난제였는데, 7주 만에 풀렸다. 문제가 풀릴 때까지 아이디어를 제공한 사람은 모두 40명이 넘었다.

폴리매스 프로젝트는 그 후로도 몇 가지 성과를 냈고, 지금은 수학 문제를 풀기 위한 온라인 협업의 대명사가 되어 고등학생과 대학생의 교육에도 활용하고 있다. 우리나라에도 잡지《수학동아》가 운영하는 폴리매스 프로젝트가 있어 청소년이라면 누구라도 공동으로 수학 문제를 해결하는 경험을 할 수 있다.

폴리매스 프로젝트가 아니더라도 크고 작은 집단을 이루어 협력 학습을 체험하게 하는 사례는 많다. 이런 경험을 통해 학생들은 수학을 배울 수 있을 뿐만 아니라 자신감을 되찾고 다른 사람의 의견을 존중하고 서로 돕는 방법도 배울 수 있을 것이다.

학창 시절을 지내다 보면 경쟁심이 너무 과한 나머지 혼자만 알겠다며 자신이 알아낸 풀이 방법을 쏙쏙 숨기던 친구를 하나쯤은 볼 수 있다. 당장은 이익을 볼 수 있을지 몰라도, 이렇게 혼자 하는 수학 공부에는 한계가 있다. 많은 수학자가 수학자를 꿈꾸는 학생에게 다른 사람과 어울리고 소통하는 경험을 쌓으라고 조언하는 이유다. 요즘에는 수학자끼리만이 아니라 물리학자나 생물학자처럼 다른 분야의 연구자와 협업하는 일도 드물지 않아 다양한 경험이 도움이 된다.

또 수학을 전공해도 상당수는 학자의 길을 걷지 않고 산업계로 진출한다. 기업에서 일하게 된다면 전공 지식에 더해 말하기, 듣기, 쓰기 등의 소통 능력과 팀워크가 있어야 하는 것은 당연하다. 사회 생활을 해 보았다면 협업 능력의 중요성은 누구나 알 것이고, 그것은 수학에서도 마찬가지다.

앞서 "수학은 혼자 하는 것"이라고 말했던 그분이 진심으로 그렇게 생각했던 것이라면, 잘못 생각하신 거라고 말할 수밖에 없다. 수학은 혼자 하는 게 아니다.

수학은 마음으로 하는 것

10장

누구나 사고가 나거나 병에 걸릴 수 있기에 만약 살면서 장애를 입으면 어떻게 하나 걱정한 적이 있다. 여러 가지 장애를 놓고 상상력을 발휘한 결과 내 생활 양식으로 미루어 볼 때 시력을 잃는 게 가장 타격이 크겠다는 생각이 들었다.

일단 매주 하는 축구는 못 하게 될 것이다. 좋아하는 책이나 영화도 보기 어려워질 것이다. 점자를 배우거나 오디오 북을 이용하게 되겠지만, 이전처럼 마음껏 보고 즐길 수는 없을 것이다.

사실 그렇게 되면 취미 생활이 문제가 아니다. 당연하게 여겼던 시력을 잃는 데서 올 생활의 불편함과 하던 일을 못하게 되면서 생길 생계의 곤란함이 훨씬 더 큰 문제다.

그러다 보니 문득 앞이 보이지 않으면 수학 공부를 어떻게 할까 궁금해진다. 한창 수학 공부를 하던 중·고등학교 시절을 생각해 보

자. 문제를 눈으로 보고 이해한 뒤에 공책이나 연습장에 풀이 과정을 써 가면서 답을 구한다.

만약 눈을 감은 상태에서 수학 문제를 푼다고 해 보자. 일단 문제를 이해하는 것부터가 난관이다. 글로 된 문제라면 누가 읽어 주면 된다. 하지만 기호가 나오면 좀 복잡하다. "3 곱하기 9의 제곱근을 구하라."라고 하면 9의 제곱근을 먼저 구하고 3과 곱해야 하는 걸까, 아니면 3 곱하기 9를 한 다음에 제곱근을 구해야 한다는 걸까? 그래프를 보고 푸는 문제라면, 어떻게 설명해야 할 것인가?

문제를 풀기도 어렵다. 어차피 볼 수 없으니 연습장에 풀이 과정을 쓰는 것도 의미가 없어 보인다. 머릿속에서 다 풀어야 하는데, 아주 쉬운 문제가 아니면 그렇게 하기는 어렵다. 머릿속에 커다란 칠판이 있어서 자유롭게 쓰고 지울 수 있다는 천재 수학자라면 모를까 우리 대부분은 보통 사람에 불과하다.

시각 장애인이 공간을 상상하는 법

그렇지만 앞을 보지 못한다고 해서 수학을 할 수 없는 건 아니다. 레온하르트 오일러(Leonhard Euler)는 말년에 시력을 잃었지만, 오일러가 남긴 방대한 연구 성과의 절반은 시력을 잃은 뒤에 나왔다. 시각 장애인도 충분히 수학을 공부하거나 연구할 수 있다는 방증이다.

실제로 시각 장애인이면서 수학자로 활동하고 있는 사람도 여럿 있다. 이들 대부분은 기하학자다. 얄궂게도 수학에서 가장 시각적인 분야다. 하지만 기하학 문제는 정보가 집약되어 있다. 머릿속에 담기 좋은 형태다. 반대로 길게 나열하며 계산해야 하는 문제는 시각 장애인 수학자가 힘겨워한다.

3차원 물체라고 해도 사람의 눈에는 평면으로 보인다. 망막에 맺힌 상을 바탕으로 머릿속에서 입체적인 형태를 재구성하는 것이다. 종이에 찍힌 수학 문제도 마찬가지다. 3차원 물체도 2차원 평면 그림으로 나와 있으며, 문제를 풀기 위해서는 머릿속으로 형태를 떠올려야 한다. 많은 사람에게 쉽지 않은 일이다.

시각 장애인은 사물의 형태를 인식하는 방법이 다르다. 이들은 물체를 만지거나 소리를 듣고 그 정보를 종합해 형태를 상상한다. 여러 가지 감각을 통해 3차원 공간을 직관적으로 파악한다. 길을 찾거나 건물에서 위치를 찾는 등의 일상적인 활동으로 실험한 결과에 따르면, 시각 장애인이 3차원 공간을 인지하는 능력은 앞을 볼 수 있는 사람에 뒤떨어지지 않는다.

러시아 수학자 알렉세이 소신스키(Alexei Sossinski)에 따르면, 앞을 보지 못하다가 시력을 회복한 사람을 대상으로 한 연구들이 시각 장애인의 공간 능력에 관한 실마리를 제공한다. 예를 들어 17세기 아일랜드 철학자 윌리엄 몰리뉴(William Molyneux)는 영국 철학자 존 로크(John Locke)에게 "선천적인 시각 장애인이 시력을 얻는다

10장 수학은 마음으로 하는 것

면, 그 전에 촉각으로 구분하던 구와 정육면체를 보기만 해도 구분할 수 있을까?"라고 물었다. 이후 실제로 실험이 이루어졌는데, 만져만 보던 구와 정육면체를 처음으로 보게 된 사람들은 둘을 구분하지 못했다. 그러나 구와 원환체(속이 빈 도넛 모양)가 다르다는 건 곧바로 구분했다. 이를 바탕으로 소신스키는 몇몇 위상학적 구조를 인지하는 능력은 선천적일 것이라고 주장했다.

구멍이 몇 개 있느냐로 구분하는 위상학적 특징으로 보면, 구와 정육면체는 같은 모양이다. 구멍이 없는 구와 구멍이 하나 있는 원환체는 다른 모양이다. 시각 장애인도 선천적으로 이런 위상학적 차이를 구분할 수 있는 능력을 지녔다는 것이다. 소신스키는 오히려 시각 장애인이 앞을 보는 사람보다 고차원적인 상상력에 더 능숙하다고 주장했다.

다른 분야보다 수학이 더 적합해

기하학이 아닌 다른 분야에 도전하는 수학자도 있다. 미국 수학자 로런스 바젯(Lawrence Baggett)의 연구 관심사는 조화 해석과 디지털 신호 처리나 이미지 압축에 쓰이는 웨이블릿 이론 등이다. 바젯은 도형이 아니라 수식을 머릿속으로 시각화해서 문제를 푼다. 오히려 도형을 상상하는 게 어렵다고 한다. 바젯은 머릿속으로 문제를 풀며, 혼잣말로 과정을 읊는 방법을 쓴다. 칠판이나 종이를 사용하지 못해서 불편한 점은 있지만, 그런 건 단순히 편리한 도구에 불과하다고 말한다.

시각 장애인에게는 다른 학문 분야보다 수학이 더 적합하다는 이야기도 있다. 전통적으로 많은 시각 장애인이 법을 전공하지만, 수학은 법학 공부에 비하면 읽어야 할 텍스트의 양이 훨씬 적다. 수학 기호나 도형은 압축적이어서 적게 읽고도 많은 생각을 할 수 있다. 시각 장애인 수학자인 베르나르 모랭(Bernard Morin)은 기하학 문제를 풀 때 앞이 보이는 학생들은 종이에 그려져 있는 그림에 제한을 받지만, 시각 장애인 학생은 그림을 이용하지 않아서 더욱 자연스럽게 추상적인 사고를 할 수 있다고 지적한 바 있다.

시각 장애가 주는 어쩔 수 없는 불리함을 극복하게 해 주는 기술도 꾸준히 개발되고 있다. 1940년대에 미국 수학자 에이브러햄 네메스(Abraham Nemeth)는 수학 기호를 나타낼 수 있는 점자를 개발했다. 디지털 기술이 발전하면서부터는 자동으로 문자를 인식해 음성이나 점자책으로 바꿔 주는 장치가 여럿 나왔다. 앞에서 내가 상상했던 것처럼 듣고도 이해 못 하는 사례가 생기지 않도록 수식을 명확하게 나타낼 수 있는 읽기 방법도 개발되고 있다.

현대 사회에서 수학을 공부하지 못한다면 직업 선택의 폭이 대단히 좁아질 수밖에 없다. 전반적으로 볼 때 시각 장애인이 수학을 공부하는 환경이 불리한 것도 사실이다. 그러나 추상적인 사고력에서 시각 장애인이 뒤지지 않고, 공간 능력에서는 오히려 앞설 수도 있다는 점을 보여 주는 여러 사례는 희망적이다. 우리나라에서도 뛰어난 시각 장애인 수학자가 나와 많은 학생에게 동기를 부여하는 날이 오기를 기대한다.

마음의 눈으로 연구했던 수학자들

이 글의 부록으로 시각 장애를 가졌지만 마음의 눈으로 연구했던 수학자들을 소개한다.

레온하르트 오일러(Leonhard Euler, 1707~1783년) 스위스 바젤에서 태어난 오일러는 아버지의 요구에 따라 성직자가 되기 위해 신학을 공부했지만, 수학에 재능이 있음을 깨닫고 수학자의 길을 택했다. 18세기 최고의 수학자로 꼽히며, 수학의 역사를 통틀어서도 손꼽힐 정도로 뛰어난 수학자였다. 30세 무렵에 한쪽 눈의 시력을 거의 잃었고, 그러고 나서도 연구에 매진한 나머지 59세 때 나머지 한쪽 눈의 시력도 잃었다. 그런데도 연구 생산성은 거의 떨어지지 않았고, 뛰어난 기억력과 계산 능력으로 죽을 때까지 수학 연구를 계속했다.

니콜라스 손더슨(Nicholas Saunderson, 1682~1739년) 영국의 과학자이자 수학자인 손더슨은 한 살 때 천연두로 시력을 잃었다. 부모님의 도움을 받아 라틴 어와 그리스 어, 수학을 공부했고, 결국 케임브리지 대학교 수학과의 루카스 석좌 교수가 되었다. 루카스 석좌 교수직은 아이작 뉴턴, 찰스 배비지, 폴 디랙 등이 거쳐 갔던 자리다.

루이 앙투안(Louis Antoine, 1888~1971년) 프랑스의 수학자로 29세 때 제1차 세계 대전 때 부상을 입고 시력을 잃었다. 시력을 잃은 뒤에는 위상 수학을 연구했으며, 칸토어 집합을 3차원 유클리드 공간에 나타낸 앙투안의 목걸이를 발견했다. 베르나르 모랭을 만나 시각 장애인 수학자로서 조언해 주기도 했다.

에이브러햄 네메스(Abraham Nemeth, 1918~2013년) 미국 수학자 네메스는 선천적인 시각 장애인으로, 처음에는 수학을 포기했다가 뒤늦게 다시 수학을 공부해 박사 학위를 받았다. 그 뒤로 꾸준히 연구하고 강의하며, 복잡한 수학 기호를 점자로 나타내는 방법을 개발했다.

베르나르 모랭(Bernard Morin, 1931~2018년) 프랑스 수학자 모랭은 여섯 살에 녹내장으로 시력을 잃었다. 3차원에서 구의 안과 밖을 뒤집는 과정을 연구했다. 그 중간 과정을 보여 주는 모형을 모랭 표면(Morin surface)라고 하는데, 모랭은 직접 점토를 빚어 모형을 만들며 다른 사람에게 설명하기도 했다.

로런스 바젯(Lawrence Baggett, 1939년~) 바젯은 다섯 살 때 사고로 시력을 잃었다. 원래는 시각 장애인이 다들 그러듯이 변호사가 될 생각이었지만, 수학적인 재능을 깨닫고 수학자의 길을 걸었다. 어머니와 친구들이 읽어 주는 내용을 들으며 공부했다. 콜로라도 대학교에서 35년 동안 수학을 가르쳤다.

컴퓨터 증명은 반칙일까?

11장

네 자리 비밀 번호로 열리는 문이 있다고 하자. 스마트폰이라고 해도 상관없다. 어쨌든 비밀 번호를 알아내서 열어 보고 싶다고 하자. 비밀 번호를 어떻게 알아낼 수 있을까? 가능한 한 논리적으로 추측하는 수밖에 없다.

생일이나 다른 기념일을 시도해 보거나 좋아하는 숫자를 조합해 볼 수 있을 것이다. 비밀 번호를 정한 사람이 게으른 성격이라면, 0000이나 1234 같은 단순한 번호를 시험해 볼 수도 있겠다. 아니면, 키패드 위에서 일직선이 되는 수라거나. 물론 대부분 잘 안 될 것이다. 기껏해야 네 자리 비밀 번호라고 해도 알아맞히는 건 쉽지 않다.

하지만 끈질기기만 하다면 알아낼 방법이 있다. 0000에서 9999까지 일일이 모두 입력해 보는 것이다. 경우의 수는 1만 개. 운이 좋다면 몇 번 안 하고도 알아낼 수 있고, 운이 나쁘면 1만 번을 다 입력해야 알아낼 수도 있다. 생각만 해도 지루한 일이다. 그런데 만약 컴퓨터를 이용해 빠른 속도로 비밀 번호를 넣어 볼 수만 있다면, 걸리는 시간을 대폭 줄일 수 있다. 그러면 해 볼 만하지 않을까?

그렇게 해서 비밀 번호를 알아냈다. 한 자리에 들어갈 수 있는 숫자는 각각 10개씩이니 순서대로 1만 번을 시도하면 된다는 건 생각은 내가 해 냈지만, 실제로 입력은 컴퓨터가 했다. 이때 과연 비밀 번호를 '내'가 알아냈다고 할 수 있을까? 조악한 비유지만, 이번 글에서 할 이야기와 관련이 있는 예시다.

90년 만에 풀긴 풀었는데……

요즘에는 컴퓨터가 사람의 일을 대신해 주는 경우가 많다. 직접 하기 귀찮거나 시간이 너무 오래 걸리거나 무의미한 단순 작업이라면 으레 컴퓨터 같은 기계에게 떠맡긴다. 복잡한 계산이 필요한 수학에서도 마찬가지인데, 증명이라는 특유의 수학적 활동이 끼어들면 이야기가 흥미로워진다.

얼마 전, 켈러 추측(Keller's conjecture)이라는 문제가 해결되었다는 소식이 들려왔다. 켈러 추측은 1930년에 독일 수학자 오트하인리히 켈러(Ott-Heinrich Keller)가 제시한 기하학 문제로, 90년 동안 미해결로 남아 있었다. 문제를 간략하게 설명해 보자면, 이렇다. 2차원 평면을 정사각형 모양의 2차원 타일로 채운다고 하자. 그러면 적어도 타일 2개는 서로 모서리가 완전히 겹쳐야 한다. 이건 어렵지 않게 알 수 있다. 3차원 공간을 정육면체 모양의 3차원 입방체로 채우는 것도 비슷하다. 적어도 입방체 2개는 서로 한 면이 완전히 겹쳐야 한다. 그런데 4차원, 5차원 하는 식으로 차원을 높여 가도 계속 성립할까?

이후 독일 수학자 오스카르 페론(Oskar Perron)이 6차원까지는 성립한다는 사실을 증명했다. 그리고 한동안 진전이 없다가 1992년이 되어서야 10차원일 때는 성립하지 않는다는 사실이 밝혀졌다. 어떤 차원에서 성립하지 않으면 그것보다 높은 차원에서는 성립하지 않으므로 11차원 이상에서는 모두 성립하지 않았다. 그리고 10년 뒤에는 8차원 이상에서 성립하지 않는다는 사실도 밝혀졌다. 남은 것은 7차원뿐이었다.

더 낮은 차원으로 나눌 수 있었던 8차원과 달리 7은 소수기 때문에 7차원을 해결하는 건 어려웠다. 수학자들은 이 문제를 그래프로 변형해 푸는데, 7차원의 경우 가능한 조합을 일일이 확인해야 했다. 여기에 필요한 변수는 무려 3만 9000개에 달하는데, 각 변수는 0 또는 1이 될 수 있으므로 2의 3만 9000제곱 가지의 조합이 생길 수 있다. 컴퓨터로 계산해도 벅찬 양이다.

연구진은 가능한 한 효율적인 방법을 찾아 컴퓨터가 계산해야 하는 경우의 수를 10억 가지 정도로 줄였다. 그 결과는 '그렇다.'였다. 켈러 추측은 7차원에서 참이었다. 7차원까지는 참이고, 8차원부터는 거짓. 90년 묵은 문제는 이렇게 컴퓨터의 도움을 받아 마침내 증명되었다.

컴퓨터로 해결한 난제들

컴퓨터를 이용해 증명한 최초의 난제는 4색 정리(four color theorem)였다. 1852년 영국 수학자 프랜시스 거스리(Francis Guthrie)가 영국의 지도를 색칠해 각 주를 구분하다가 떠올린 문제로, 지도에서 서로 접해 있는 지역을 다른 색으로 칠해 구분할 때 네 가지 색이면 충분할지도 모른다는 것이다. 굳이 수학자가 아니어도 이해할 수 있는 문제지만, 증명은 결코 쉽지 않았다.

세 가지 색으로는 가능하지 않다는 점은 금세 알 수 있다. 종이에 이리저리 선을 그어 구역을 나눠 보면 세 가지 색만 가지고서는 모든 영역이 구분되도록 칠할 수 없는 반례를 어렵지 않게 만들 수 있다. 이건 누구나 할 수 있는 일이니 궁금하다면, 한번 직접 해 보기를 권한다.

그런데 네 가지 색은 반례를 찾는 게 쉽지 않았다. 웬만한 지도는 네 가지 색으로 다 영역을 구분해 칠할 수 있었다. 그렇다면 모든 지도를 네 가지 색으로 칠하는 게 가능할까? 아무리 지도가 복잡해도 네 가지 색만 있으면 다 구분해서 칠할 수 있을까?

이 간단하면서도 복잡한 문제가 해결되기까지는 100년이 넘게 걸렸다. 그동안 여러 수학자가 도전했고, 일부는 증명했다고 발표했다가 나중에 오류로 판명 나기도 했다. 그사이에 다섯 가지 색만 있으면 지도를 다 칠할 수 있다는 사실은 밝혀졌다. 하나만, 색깔 하나만 더 줄이면 4색 정리가 증명될 터였다.

마침내 1976년 미국의 케네스 아이라 아펠(Kenneth Ira Appel)과 볼프강 하켄(Wolfgang Haken)이 컴퓨터를 이용해 4색 정리를 증명했다. 가능한 모든 지도의 모양을 1,800여 개(나중에는 약 1,500개)의 유형으로 분류한 뒤 1,000시간이 넘게 컴퓨터로 하나하나 확인해 다섯 가지 색이 필요한 반례가 존재하지 않음을 밝힌 것이다.

케플러의 추측(Kepler conjecture)도 수백 년 만에 컴퓨터를 이용해 증명된 문제다. 독일의 천문학자이자 수학자인 요하네스 케플러(Johannes Kepler)는 1611년에 3차원 공간 안에 구를 가장 많이 배열할 수 있는 방법을 추측했다. 케플러가 생각한 것은 바로 피라미드 모양으로 쌓는 것. 일단 구가 서로 맞닿도록 촘촘하게 배열한다. 그리고 구와 구 사이의 움푹 들어간 곳에 계속 구를 쌓아 올린다. 이것을 케플러 추측이라고 한다. 하지만 케플러는 자신의 추측을 증명하지 못했다.

이 역시 문제 자체는 일반인도 이해할 수 있을 정도로 쉽지만, 증명은 결코 그렇지 않다는 사실이 드러났다. 무려 387년이나 지난

1998년에야 미국의 토머스 칼리스터 헤일스(Thomas Callister Hales)가 컴퓨터를 이용해 증명했다.

커넥트 4(Connect 4)라는 보드 게임도 한 사례다. (우리나라에서는 '입체 사목 게임'이라는 이름으로 알려져 있다.) 위에서 말을 떨어뜨려 가로, 세로, 대각선으로 4개가 일직선이 되도록 만들면 이기는 게임인데, 먼저 두는 사람이 무조건 이길 수 있는 방법이 이미 밝혀져 있다. 역시 컴퓨터를 이용해 경우의 수를 하나씩 따지는 방식으로 문제가 풀렸다.

컴퓨터로 한 증명은 진짜 증명인가?

컴퓨터를 이용한 증명은 여러 논란을 불러일으켰다. 그중 한 가지 문제는 컴퓨터가 만들어 낸 증명은 인간 수학자가 검증하기 어렵다는 것이다. 애초에 사람이 직접 하기에는 무지막지하게 시간이 오래 걸리기 때문에 컴퓨터를 이용했는데, 오류가 있는지 사람이 일일이 검증할 수가 없다. 케플러의 추측 증명은 용량이 3기가바이트였고, 수학자 12명이 4년 동안 달라붙어 검증한 끝에 99퍼센트 확실하다는 결론을 내렸다. 켈러의 추측의 경우 7차원에 대한 증명은 용량이 200기가바이트에 달한다.

그리고 컴퓨터를 이용한 증명을 '진짜 증명'이라고 할 수 없다는 의견도 있다. 컴퓨터의 막강한 연산력을 사용해 사람이 할 수 없을 정도로 많은 계산을 해낸 것이지 논리적으로 그렇게 될 수밖에 없음을 보여 주는 아름다운 증명은 아니라는 것이다. 모든 경우의 수를 다 시도해서 비밀 번호를 알아내는 건 실용적일 수는 있어도 그렇게 아름답다고 하기는 어렵다. 그런 소재로 영화를 만든다고 해도 무작정 풀어내는 것보다는 영화 「미션 임파서블(Mission: Impossible)」처럼 절묘한 작전으로 비밀을 캐내는 게 더 재미있지 않을까?

그렇다면 '증명'의 정의에 관해 생각하지 않을 수 없다. 증명 과정에 필요한 막대한 양의 계산을 컴퓨터가 대신하게 한다면, 사람이 온전히 풀어냈다고 할 수 있을까? 아펠과 하켄이 4색 정리 증명을 발표했을 때 많은 수학자가 컴퓨터를 사용한 증명이라는 이유로 시큰둥한 반응을 보였다. 심지어는 적대적인 반응을 보이는 사람도 있었다.

결론은 나지 않았지만, 수학에서 컴퓨터 사용은 점점 늘어나고 있다. 컴퓨터로 증명을 하지는 않더라도 사람이 한 증명을 검증하는 데 컴퓨터를 사용할 수도 있다. 최초로 프로그램이 가능한 컴퓨터를 만들었던 영국 수학자 찰스 배비지는 노동과 같은 단순 계산은 기계에 맡기고 사람은 여유 시간에 창조적이고 고차원적인 활동을 할 수 있게 하는 게 목적이라고 한 바 있다. 그런데 컴퓨터를 사용한 증명에 부정적인 이야기를 들어 보면, 애초에 컴퓨터를 사용하지 않아도 될 정도로 아름다운 논리로 밝혀야 진정한 증명이라는 것처럼 들린다. 어려운 문제다.

누가 수학 좀 대신 해 줬으면!

이러니저러니 해도 컴퓨터와 로봇이 앞으로 사람의 일을 점점 더 많이 대신한다는 건 거스르지 못할 현실이다. 일자리를 잃을까 봐 걱정스러우면서도 한편으로는 귀찮은 일을 덜고 편하게 지내는 세상이 기대가 되기도 한다. 사실 사람이 사용하는 많은 발명품은 귀찮을 일을 하기 싫어서 만든 것이다.

그런데 의외로 그런 발명품이 사람의 수고를 덜어 주지 못하는 경우도 많다. 가령 세탁기와 같은 가전 제품이 발달하면서 주부의 일이 줄어들었을 것 같지만, 실제로는 주부에게 기대하는 수준이 높아지면서 실제 일은 오히려 늘었다는 이야기도 있다. 계산처럼 머리로하는 일도 비슷했을 것 같다. 주판이 생기면서 계산을 더 빠르고 정확하게 할 수 있게 되었겠지만, 주판이 없었던 시절보다 한 사람이해야 할 계산의 양은 늘었을 것이다.

아니면 귀찮은 일은 안 해도 되는 대신 더 복잡하고 어려운 일을 해야 한다. 빨래는 안 해도 되지만 세탁기를 만들어야 한다거나 계산은 안 해도 되지만 컴퓨터를 개발해야 한다거나. 차라리 빨래나 계산을 하는 게 낫겠다고 생각할 수 있지만, 이미 바뀐 세상에서 그런 단순한 일로 먹고살기가 힘들다. 단순한 일을 안 하는 대신 인간답게 세상을 바꿀 수 있는 창의적인 일을 해야만 하는 것이다. 그게 말처럼 쉬운 건 아니지만.

수학도 공장처럼

19세기 영국의 수학자 찰스 배비지도 그런 생각을 했다. 배비지는 영국 왕립 천문학회의 의뢰로 수학 표를 제작하는 일을 맡은 적이 있었다. 계산에 들어가는 시간을 줄이기 위해 로그 함수, 삼각 함수, 제곱근 등의 각종 수치를 미리 계산해서 표로 만들어 놓는 것으로, 수학, 천문학, 항해와 같은 분야에서 널리 쓰이고 있었다. 배비지 혼자서 모든 계산을 다 한 건 아니지만, 다른 계산사들의 작업을 감독하고 비교하는 일이 너무 지겨운 나머지 이 작업을 증기 기관으로 할 수 있으면 좋겠다고 투덜거렸다고 한다.

투덜거리는 데서 그친 건 아니다. 배비지는 정말 기계를 이용해 계산한다는 아이디어를 계속 밀고 나갔다. 그러기 위해 택한 방법은 일단 분업이었다. 수학 표를 만드는 데 필요한 계산을 여럿이 나누어서 하는 것이다. 공장에서 분업을 통해 효율을 높이듯이 계산도 나누어서 하면 더 빨리 할 수 있다. 배비지는 당시 쓰이던 차분법에 주목했다. 수학 표를 만드는 데 필요한 다항식의 계차를 이용해 계산을 작은 단위로 쪼개는 방식이다. 간단히 이야기하면, 단순 덧셈만 반복해서 원하는 다항식의 값을 구할 수 있다.

이렇게 일이 단순해지면 기계가 할 수 있게 된다. 분업화된 공장에서 단순하고 반복적인 일은 기계가 하듯이 배비지는 복잡한 계산을 단순하고 반복적인 작업으로 바꾸고 그 일을 기계로 하려고 했다. 인간 수학자가 문제를 잘게 분해해 기계에게 전달하면 기계가 지루하기 짝이 없는 덧셈을 대신하는 것이다. 그런 목적으로 설계한 장치가 바로 차분 기관(difference engine)이다. 끝내 완성하지는 못했지만, 덕분에 배비지는 컴퓨터의 역사에서 첫머리를 장식하게 되었다.

기계는 인간보다 더 빠르고 정확하게 단순 계산을 할 수 있다. 지치지도 않고 실수를 하지도 않는다. 계산 기계만 완성한다면, 드디어 지겨운 계산에서 벗어나 편안하게 살 수 있었다. 만세! 하지만 앞서 언급했듯이 배비지의 목적은 이렇게 1차원적이지 않았다. 귀찮은 일에서 벗어나 편해지겠다고? 어림없었다. 배비지는 계산이라는 단순하고 지루한 지적 노동에서 벗어나 여유가 생긴 인간은 더욱 창조적인 일을 할 수 있을 거라고 생각했다.

예를 들자면, 단순 덧셈보다 더 복잡한 계산을 할 수 있는 기계를 설계하는 일을 할 수 있다. 그러면 좀 더 많은 지적 노동을 기계가 대신할 수 있게 되고, 인간은 더욱더 창조적인 일을 할 수 있고……. 이런 식으로 기계가 대체하는 지적 노동의 수준을 차차 높여서 궁극적으로 인간은 창조적인 일만 할 수 있게 되는 세상을 만드는 게 배비지의 꿈이었다.

여기서 한 가지 의문이 생긴다. 과연 배비지는 인간의 지적 노동을 어느 수준까지 기계로 대체할 수 있다고 생각했을까?

국제 수학 올림피아드를 노리는 인공 지능

배비지의 꿈은 상당 부분 현실이 되었다. 이제 우리는 '123 곱하기 456' 같은 계산을 굳이 직접 하지 않는다. 누구든 하려면 할 수 있는 일이지만, 학생이 공부하는 게 아닌 한 크게 의미가 있는 일도 아니고 자칫하다가는 실수로 틀린 답을 내기 십상이다. 배비지 말마따나 정신적인 낭비다. 이런 건 계산기로 얼마든지 쉽고 빠르게 정확한 답을 구할 수 있다. 이미 사칙 연산 계산에 국한해서는 기계가 인간의 수준을 아득히 뛰어넘은 지 오래다.

요즘에는 수학 문제를 풀어 주는 스마트폰 앱도 나와 있다. 책에 실린 문제나 손으로 쓴 문제를 사진으로 찍으면 인식해서 답을 알려 준다. 사칙 연산은 물론 간단한 1차 방정식도 풀어서 답을 보여 준다.

호기심에 설치해서 사용해 보니 정말 광고처럼 문제를 대신 풀어 주었다. 원하면 풀이 과정까지 볼 수 있었다. 교사들 사이에서는 논란이 있는 모양인데, 나 역시 이게 수학 공부에 도움이 될지 안 될지는 잘 모르겠다.

이런 앱에도 당연히 한계는 있다. 고등학교 수학 문제 몇 개를 가지고 시험해 보니 수식이 복잡하면 잘 풀지 못했다. 아마도 문자 인식이 잘 되지 않는 것 같다. 그리고 수식으로 된 문제만 풀 수 있다는 게 큰 단점이었다. 사실 학교에서 접하는 수학 문제는 대부분 수식 외에도 설명이 많다. 상황을 글로 설명하는 문장제 문제도 있고, 그렇지 않더라도 문제에 필요한 다양한 조건을 나열하는 식으로 되어 있는 게 많다.

수학 문제 풀이는 이렇게 다양한 형식으로 된 문제를 이해하고 논리적으로 해결하기 위한 수식을 세운 뒤 계산하는 과정으로 이루어진다. 여기서 중요한 건 앞부분이고, 일단 수식을 세운 뒤 계산하는 건 비교적 단순한 기술이다. 따라서 수학 문제를 풀어 준다는 앱도 문제 해결에 필요한 논리적 사고를 할 수 없다면 결국 계산기 수준을 크게 뛰어넘었다고는 할 수 없을 것 같다.

우리가 일상 생활에서 접할 수 있는 건 이 정도지만, 전문가의 영역으로 들어가면 이보다 더 야심 찬 시도가 있다. 그중 하나는 마이크로소프트의 연구원인 대니얼 셀샘(Daniel Selsam)이 만든 IMO 그랜드 챌린지(IMO Grand Challenge)다. 이 계획의 목표는 인공 지능을 국제 수학 올림피아드(IMO)에 참가시켜 금메달을 따는 것이다. 국제 수학 올림피아드는 전 세계의 수학 영재가 겨루는 대회로, 여러 필즈 상 수상자가 이 대회 출신일 정도로 우수한 수학자를 많이 배출했다.

국제 수학 올림피아드에 나오는 문제를 풀기 위해서는 정확하고 빠른 계산 실력보다는 창의적이고 논리적인 사고력이 중요하다. 게다가 일단 문제 자체를 이해할 수 있어야 한다. 만약 인공 지능이 이를 해낼 수 있다면, 정말 사람처럼 수학을 할 수 있다고 볼 수 있다는 것이다.

이 계획에 얼마나 진전이 있는지는 잘 모르겠지만, 아무튼 여러 가지 궁금증이 생긴다. 아직까지는 대회에 참가하지 못했지만, 언젠가 정말로 대회에 참가해 전 세계의 수학 영재들과 실력을 겨룰 수 있을까? 만약 참가할 수 있다면, 어떤 방식으로 시험을 치러야 할까? 시험 시간도 인간 참가자와 똑같이 주어야 할까? 만약 인공 지능이 금메달을 딴다면, 수학자를 꿈꾸는 영재들의 사기에는 어떤 영향을 끼칠까?

인공 지능이 수학을 대신 해 주면 좋을까?

컴퓨터와 인공 지능은 전문 수학자의 영역에도 이미 발을 들여

놓았다. 4색 문제나 케플러의 추측 같은 사례는 이미 이야기한 바 있다. 증명 과정에서 생기는 길고 복잡한 계산을 컴퓨터로 처리하면 인력으로는 수백 년이 걸릴 일도 금세 마칠 수 있다. 또 컴퓨터는 수학자가 완성한 복잡한 증명 과정에 오류가 있는지 확인하는 데도 쓰인다. 물론 누누이 이야기하듯이 계산을 빨리 하는 것과 오류를 확인하는 정도로는 수학을 대신하는 것이라고 말하기 어렵다.

요즘에는 인공 지능을 훈련시켜 수학 정리를 증명하는 연구가 한창 이루어지고 있다. 2019년에는 구글에서 만든 인공 지능이 1,200개가 넘는 수학 정리를 증명해 냈다는 소식도 나왔다. 수많은 수학 정리를 입력해 인공 지능을 학습시킨 뒤 새로운 정리를 주고 증명해 보게 했더니 꽤 많은 성공을 거두었다고 한다.

아직은 여러 가지 한계가 있겠지만, 낙관적인 사람들의 예측처럼 인공 지능이 계속 발전한다면 언젠가는 사람이 아직 증명하지 못한 문제를 인공 지능이 먼저 증명하는 날이 올지도 모른다. 게다가 어떤 문제를 풀지도 스스로 정하게 될 수도 있다. 내가 만나 본 많은 수학자는 문제를 푸는 것 못지않게 문제를 만드는 능력이 수학자의 중요한 자질이라고 말했다. 인공 지능이 새로운 문제를 만드는 능력까지 갖추게 된다면, 드디어 제대로 된 인공 지능 수학자가 탄생하는 것이다.

배비지는 원래 지루한 정신 노동은 기계에게 맡기고 자신은 창조적인 일에만 몰두하려고 생각했다. 그건 컴퓨터가 인간의 수준에

12장 누가 수학 좀 대신 해 줬으면!

살짝 미치지 못하는 정도에만 머물러야 가능한 일이다. 컴퓨터가 인간과 동등해지거나 인간을 뛰어넘는다면, 그 창조적인 일까지 모두 기계에게 빼앗겨 버릴 공산이 크다. 그러면 인간 수학자에게 남는 일은 인공 지능이 연구한 내용을 열심히 공부해서 이해하는 것뿐일지도 모른다.

더 나아가 점점 발전하는 인공 지능 수학자는 수학이 인간에게서 아예 멀어지게 할지도 모른다. 이미 전문 수학자의 연구는 우리 같은 평범한 사람이 이해할 수 있는 범위를 넘어서 있다. 마찬가지로 종국에는 아무리 뛰어난 인간 수학자라고 해도 인공 지능의 연구를 이해하지 못하게 될지도 모른다. 이른바 특이점이 오는 것이다. 귀찮을 일 좀 맡기려고 계산하는 기계를 구상했던 배비지의 의도를 굉장히 많이 넘어선 결과다.

배비지는 어떻게 생각할까? 어렵고 복잡한 수학을 하지 않아도 된다고 기뻐하며 다른 창의적인 일을 찾을까, 아니면 인간의 영역이라 생각했던 일을 빼앗겼다며 슬퍼할까?

놀다가 문득 수학

3부

소설과 수학의 잘 된 만남

13장

예전에 만들던 수학 잡지 초창기에 1년 정도 문학 작품 속의 수학을 찾아보는 글을 연재한 적이 있다. 원래 소설 읽기를 좋아하는 터라 반쯤은 노는 것처럼 했던 기억이 난다. 아쉬운 점이라면 독자층이 어린이다 보니 고를 수 있는 소설에 제약이 좀 있었다. 수학이 등장하거나 수학을 다루는 소설은 적지 않지만, 기왕이면 아이들이 찾아 읽을 수 있을 만한 것으로 해야 했다.

어린이를 대상으로 한 이른바 수학 소설은 이야기 자체보다 수학을 가르치는 게 목적인 경우가 많다. 이야기 속에서 수학 개념이나 원리 따위를 은근슬쩍 설명하는 식인데, 이야기에 잘 녹아들지 않거나 억지로 수학과 융합을 시키려다 이야기가 재미없어지곤 한다. 개인적으로 놀이는 놀이고 공부는 공부라고 생각하는 편이라 지식을 가르치는 목적으로 소설을 활용하는 접근법을 좋아하지 않지만, 실제 효과는 있는지 교육 현장에서 활용한다는 이야기를 어렵지 않게 찾을 수 있다.

수학을 소재로 삼은 소설

수학 개념이나 원리, 혹은 수학자가 등장하는 소설은 많다. 수학을 소재로 삼은 대표적인 작품이라고 하면 아마 에드윈 애벗 (Edwin A. Abbott)의 『플랫랜드(*Flatland*)』를 가장 먼저 떠올릴 것이다. 『플랫랜드』는 차원을 다룬 이야기다. 수학에서 말하는 차원은 공간 속에서 서로 직교하면서 독립적으로 움직일 수 있는 방향의 수를 말한다. 0차원은 점이다. 어디로도 움직일 수 없고 거리나 부피 따위도 없다. 1차원은 선으로 앞이나 뒤로 움직일 수 있다. 2차원은 면으로 양옆으로도 움직일 수 있다. 3차원은 우리가 사는 공간으로 위와 아래가 더 있다. 4차원부터는 방향이 하나씩 더 생기는데 여기서부터는 머릿속으로 상상하기가 어렵다.

이름에서 짐작할 수 있다시피 『플랫랜드』는 2차원 세상이다. 이곳에 도형들이 사는데 직선이나 다각형이다. 다각형의 변이 많을수록, 즉 원에 가까워질수록 사회적 지위가 높은 계급 사회다. 이런 세상에서 상대방을 어떻게 보고 구분하는지, 집의 구조는 어떤지 등을 묘사하는데, 꽤 흥미롭다.

그냥 이 정도로만 끝나면 교육을 위한 수학 소설에 그쳤을 법도 한데 여기에 새로운 세상(3차원)을 알리려는 주인공과 이를 억압하는 국가라는 줄거리와 당시 영국 사회에 대한 풍자가 가미되면서 이 소설은 오늘날 수학 소설이라고 하면 사람들이 가장 먼저 떠올리는 고전이 되었다.

『플랫랜드』 다음으로 떠오르는 것은 루이스 캐럴(Lewis Carroll, 본명은 찰스 도지슨(Charles L. Dodgson)이다.)의 『이상한 나라의 앨리스 (Alice in Wonderland)』다. 『플랫랜드』처럼 노골적이지는 않지만, 여기에도 수학 개념에 관한 은유가 풍성하게 들어 있어 설명을 듣지 않고는 모르고 넘어가기 십상이다. 걱정스럽다면 수학 저술가로 유명한 마틴 가드너(Martin Gardner)가 주석을 단 판본으로 읽어 보는 것도 좋다.

또 어떤 것들이 있나 해서 찾다가 알렉스 카스만(Alex Kasman)이라는 사람이 수학이 등장하거나 수학 개념을 다루는 소설을 모아서 정리해 놓은 웹사이트를 발견했다. (kasmana.people.cofc.edu/MATHFICT/) 이 글을 쓰는 지금 1,552개 작품이 목록에 올라 있는데, 영어로 썼거나 번역된 작품 위주라 세계적으로는 빠진 것도 많을 것이다.

일일이 다 확인할 수는 없지만, 표도르 도스토옙스키(Fyodor M. Dostoevsky)의 『카라마조프 가의 형제들(Братья Карамазовы)』이나 움베르토 에코(Umberto Eco)의 『장미의 이름(Il nome della rosa)』, 하워드 러브크래프트(Howard P. Lovecraft)의 『크툴루의 부름(*The Call of Cthulhu*)』처럼 익숙한 작가나 작품의 이름이 종종 눈에 띈다. 내가 읽어 본 것도 몇몇 있었는데, 미루어 보니 수학이 큰 비중을 차지하지 않아도 일단 목록에 올려놓은 것 같았다.

수학 SF는 얼마나 있을까?

그중에서 더욱 내 관심을 끄는 건 SF다. 흔히 과학 소설이라고 번역하는데, 한두 마디로 정의하기는 상당히 어렵다. 아무래도 과학이 중심 소재가 되는 경우가 많은데, 이때 과학이 어떻게 쓰이냐가 중요하다. 맨 앞에서 언급한 수학 소설처럼 과학을 가르치는 목적으로 쓰는 소설도 있기 때문이다.

과학 개념을 다루면 과학 소설이라고 오해할 수 있지만, 그렇지 않다. 과학 소설의 목적은 과학 지식을 알려 주거나 과학을 가르치는 게 아니다. 과학 소설에서 과학은 신기한 현상을 현실적으로 구축하거나 어떤 문제를 해결하거나 사회와 인간의 변화를 끌어내는 등 다양하게 쓰인다.

수학이 이런 역할을 하는 소설이 내 관심사에 더 가깝다. 좀 더 구체적으로는 수학이 단순히 도구로 쓰이는 수준을 넘어야 한다. 등장 인물이 덧셈, 뺄셈만 해도 어쨌든 수학을 활용하는 셈이니까. 우주 여행을 하는 도중에 어디까지 가려면 시간이 얼마나 걸리고 상대성 이론에 따른 시간 지연이 어떻고 하는 계산이 등장하기도 하지만, 그건 현실성을 더하기 위한 기본적인 활용에 그친다. 이런 게 아니라 어떤 수학 이론이 이야기 전체를 지탱하는 뼈대가 되어야 한다는 것이다.

아마 가장 쉽게 볼 수 있는 게 『플랫랜드』처럼 차원을 다루는 이야기일 것이다. 일단 허버트 웰스(Herbert G. Wells)의 『타임 머신(*The Time Machine*)』이 있다. 워낙 유명한 소설이라 타임 머신이 무엇인지는 모르는 사람이 없을 것이다. 여기서 주인공은 시간이 공간의 다른 세 차원(방향)과 다르지 않다고 말한다. 우리의 의식은 시간 축을 따라 움직이고, 이를 이용해 시간 여행을 할 수 있다는 것이다.

로버트 하인라인(Robert A. Heinlein)의 단편 소설 『─그리고 그는 비뚤어진 집을 지었다(─*And He Built a Crooked House*)』도 차원이 주요 소재다. 어떤 건축가가 4차원 입방체(테서랙트)의 3차원 전개도와 같은 모습의 집을 짓는다. 그런데 지진이 일어나면서 집이 접혀 버린다. 집을 보러 안에 들어간 사람들은 평소 접하던 것과 다른 이상한 공간에서 헤매다 간신히 탈출한다. 지진 때문에 전개도가 테서랙트로 접혀 버린 것이다.

이처럼 차원을 소재로 삼는 이야기는 SF에서 흔히 찾아볼 수 있다. 우리보다 고차원에 사는 생명체를 등장시켜 우리를 3차원 생명체를 만나 어리둥절한 2차원 생명체와 같은 꼴로 만들어 버린다거나.

13장 소설과 수학의 잘 된 만남

최신 수학을 소재로 삼은 수학 소설

　대중적으로는 흥미를 느끼기 어려울 수 있지만, 수학의 최전선에 있는 이론을 소재로 삼은 소설도 종종 찾을 수 있다. 테드 창(Ted Chiang)의 단편 소설『영으로 나누면(*Division by Zero*)』이 그런 이야기다.

　저명한 수학자 다비트 힐베르트는 1900년에 자신이 중요하다고 생각하는 미해결 문제 23가지를 제시했다. 이 목록에 두 번째에 올라가 있는 건 산술의 무모순성을 증명하는 문제였다. 그러나 30여 년 뒤 쿠르트 괴델이 불완전성 정리를 발표했다. 이 정리에 따르면 산술의 공리로는 스스로 무모순성을 증명할 수 없다.

　『영으로 나누면』에는 산술이 모순적이라는 사실을 증명해 낸 수학자가 등장한다. 그 예로 1과 2, 혹은 어떤 임의의 두 수를 골라도 그 둘이 같다는 사실을 증명할 수 있다. 수학이라는 게 아무런 의미가 없다는 사실을 알아낸 그 사람은 혼란에 빠지고 제정신마저 잃을 정도가 된다. 정신이 다시 돌아오긴 하지만, 수학의 무의미함을 깨달은 이상 다른 사람들과의 사이에 놓인 간극을 메울 방법은 없어 보인다.

　그렉 이건(Greg Egan)의『루미너스(*Luminous*)』도 비슷한 주제를 다룬다. 이야기의 규모는 훨씬 더 크다. 수론의 모순을 둘러싸고 서로 다른 수학 체계를 지닌 이들과의 접촉이 이루어진다. 수학 체계가 바뀐다면 우리가 아는 세상이 근본적으로 무너져 내릴 수 있는 상황에서 이 불안한 공존은 계속 이어진다.

가상의 이론을 도입할 때도 많다. SF 작가는 흔히 실제가 아닌 가상의 과학을 만들어 사용한다. 타임 머신, 초공간을 통한 워프 항법, 물질 이동 같은 존재하지 않는 가상의 과학 기술 같은 게 여기에 해당한다. SF 소설을 읽다 보면 말이 되는지 안 되는지 알 수 없는 표현으로 원리를 설명하는 부분을 흔히 볼 수 있을 것이다.

어슐러 르 귄(Ursula K. Le Guin)이 만들고, 다른 여러 작가가 가져다 써 유명해진 초광속 통신 장비인 '앤서블'도 가상의 새로운 수학을 바탕으로 만든 장치다. 따지고 보면, 어떤 새로운 과학 기술이든 바탕에 수학이 없을 수는 없으니 가상의 수학이 깔려 있다고 할 수밖에 없다. 아이작 아시모프(Isaac Asimov)가 만든 가상의 학문인 심리 역사학도 유명하다. 이름만 보면 수학과 관련이 없어 보일지 몰라도 이는 사회학과 역사, 수리 통계학을 융합해 인류의 집단적인 행동을 분석해 미래를 예측하는 학문이다.

사실 더 많은 사례를 들고 싶은데, 읽어 본 작품 중에서만 고르다 보니 본격적으로 소개하지 못한 것 같아 아쉽다. 수학자이자 SF 작가인 루디 러커(Rudy V. B. Rucker)의 작품이 수학 이론을 본격적으로 다루고 있다고 하는데, 찾아서 읽어 본 뒤에 기회가 되면 소개해 보고 싶다.

마지막으로 한 가지 궁금한 건 SF가 상상력으로 과학 기술의 발전에도 어느 정도 영향을 끼쳤듯이 수학을 다룬 소설이 수학의 발전에도 영향을 끼칠 수 있는지다. 과학과 달리 첨단 수학의 영역은 일반인이 상상하기조차 힘들어서 고개가 갸웃거려지지만, 혹시 모를 일이다.

'아무거나'의 수학

예전의 일이다. 지금은 프로그래밍의 '프'자도 모르지만, 어렸을 때 학교에서 MSX(일본 아스키 사에서 1983년에 처음 발매한 8비트 개인용 컴퓨터. 우리나라에서는 1984년에 처음 발매되었다.)를 가지고 베이식(BASIC, 1963년에 개발된 프로그래밍 언어. 초보자용 다목적 기호 명령 코드라는 뜻의 약자)이라는 프로그래밍 언어를 배운 적이 있다. 그때가 컴퓨터를 처음 접한 것인데, 내가 재미있어 하는 게 보였는지 부모님이 같은 컴퓨터를 사 주셔서 집에서도 꽤 오랫동안 가지고 놀았다. 아마도 내가 지금까지 써 본 것 중에서 성능을 가장 많이 끌어내 사용한 게 바로 그 컴퓨터일 것이다.

프로그래밍이 조금 익숙해지고 나니 으레 그렇듯이 나도 게임을 만들어 보고 싶어졌다. 베이식은 처리 속도가 느려서 간단한 게임밖에 만들지 못했지만, 그래도 내가 직접 만든 게임이 돌아간다는 게 재미있었다. 우주선 2대가 서로 미사일을 쏴서 맞추는 게임을 만들어 동생과 놀기도 했고, 쏟아지는 총알을 피하는 게임을 만들기도 했다.

　이런 게임을 만들면서 나는 난수(random number)라는 개념을 처음 접했다. 난수란 무작위로 나타나는 수열인데, 난수가 있어야 적이나 총알이 매번 예상치 못한 곳에서 나오게 만들 수 있었다. 항상 똑같은 데서만 나오면 재미가 없을 테니 게임에는 필수적인 개념인 셈이다. 다행히 베이식에는 난수를 만들어 주는 명령어가 있었는데, 특정 '수'를 넣고 실행하면 난수가 주르륵 나왔다. 그때는 몰랐지만, 그 수를 시드(seed, 씨앗)라고 부른다.

　그런데 좀 쓰다 보니 문제가 있었다. 프로그램을 실행할 때마다 매번 나오는 난수가 똑같았던 것이다. 가령 처음 실행했을 때 1, 3, 9, 2, 5, …와 같은 순서로 나왔다면(실제로는 0과 1 사이의 소수로 나와서 적당한 수를 곱해서 썼던 것으로 기억한다.), 그다음에 실행할 때도 똑같은 순서로 똑같은 수가 나왔다. 시드를 바꾸면 다른 수가 나왔지만, 실행할 때마다 똑같이 나오는 건 마찬가지였다. 즉 시드를 무작위로 바꿔 줘야 그나마 매번 나오는 수를 다르게 할 수 있는데, 그건 난수를 만들기 위해 난수를 사용해야 하는 꼴이었다. 난수가 있으면 내가 난수를 만드는 명령어를 사용할 리가 없지 않은가?

　가만히 생각해 보니 어쩔 수 없는 일이었다. 컴퓨터는 입력값을 받아서 정해진 대로 계산하는 기계인데, 사람처럼 아무 수나 출력할 수 있을 리가 없었다. 그때 썼던 해결책은 현재 시각을 시드로 사용해 난수를 만드는 방법이었다. 어린 내가 스스로 떠올렸을 리는 없고, 아마 누가 가르쳐 줬거나 책에서 본 방법이었을 것이다.

컴퓨터로 만드는 난수는 가짜 난수

그 뒤로도 종종 컴퓨터로 완벽한 난수를 만들려면 어떻게 해야할지 생각해 보곤 했다. 어떻게 난수를 만들어야 잘 만들었다는 소문이 날까? 컴퓨터가 없던 시절에도 난수는 여러 분야에서 쓰였다. 주사위를 이용한 도박 같은 것도 그렇고, 군용 암호로도 난수는 중요했다. 오늘날 인터넷 뱅킹에 쓰이는 OTP도 난수를 이용한다.

과거에는 난수를 미리 표로 만들어 놓고 썼다. 규칙 없이 숫자를 나열해 두었다가 특정 방향으로 쭉 읽어 가면 난수열을 얻을 수 있다. 수는 아무렇게나 떠올려서 적어도 되고, 주사위 같은 것을 던져서 나오는 수를 적어도 된다.

오늘날 수식으로 난수를 만드는 데는 여러 가지 방법이 쓰인다. 잘 알려진 방법으로 선형 합동법이 있는데, 수열과 합동을 이용한다. 여기서 합동은 도형의 합동이 아니라 어떤 정수로 나눈 나머지가서로 같은 두 정수 사이의 관계를 말한다. 시드 값에 어떤 수를 곱하고 다시 어떤 수로 나눈 나머지를 출력하고, 그 결과에 대해 똑같은 작업을 반복하는 식으로 난수를 만든다. 시드 값을 크게 잡으면 아주 오랫동안 반복되지 않는 난수를 만들 수 있다.

1997년에 나온 난수 생성기 메르센 트위스터(Mersenne Twister)는 선형 합동법보다 더 나은 난수열을 제공한다. 난수가 반복되는 주기가 2^{n-1} 형태로 나타나는 메르센 소수(Mersenne prime)여서 이런 이름이 붙었다. 설명을 보면 알 수 있듯이, 이런 방법으로 만드는 난수열에는 주기가 있다. 난수열이 반복된다는 소리다. 주기가 아무리 길어도 결국 반복된다면 그건 진정한 난수라고 할 수 없다. 그래서 이와 같은 방식으로 만드는 난수를 유사 난수(pseudo-random number)라고 한다. 이름에서부터 '가짜' 난수임을 인정하고 가는 것이다.

그렇다면 '진짜' 난수를 만들 방법은 없는 걸까? 있기는 한데, 진짜 난수를 만들기 위해서는 어쩔 수 없이 자연을 이용해야 한다. 예측할 수 없는 자연 현상을 바탕으로 난수를 만드는 것이다. 이용할 수 있는 자연 현상은 다양하다. 방사성 동위 원소의 붕괴나 편광판을 통과하는 광자 등을 이용할 수 있다. 난수를 제공하는 웹사이트인 random.org는 대기에서 일어나는 전기적 잡음을 이용해서 난수를 만든다. 이런 자연 현상은 예측 불가능하기 때문에 진짜 난수라 할 수 있다.

그렇다면 사람은 진짜 난수를 만들 수 있을까?

결국 순수하게 알고리듬을 이용해 완전한 난수를 만드는 건 불가능한 모양이다. 어떤 자료를 봐도 정해진 대로 계산하게 되어 있는 알고리듬으로는 완전한 난수를 만들 수 없다는 대답만 찾을 수 있었다. 그러면 한 가지 의문이 생긴다. 앞으로는 사람과 똑같은, 혹은 사람을 넘어서는 수준의 인공 지능이 나온다고 하는데, 그런 인공 지능은 사람처럼 아무 수나 떠올릴 수 있어야 하지 않을까? 만약 알고리듬에 따른 가짜 난수만 내놓을 수 있다면, 정말로 사람과 같은 수준의 인공 지능이라고 할 수 있을까? 만약 인공 지능이 사람처럼 생각만으로 완전한 난수를 만들어 내는 게 불가능하다면, 그건 사람과 같은 인공 지능을 만드는 게 불가능하다는 뜻 아닐까?

여기서 인공 지능 이야기를 하기 전에 먼저 생각해야 할 문제가 하나 있다. 과연 인간은 완전한 난수를 만들어 낼 수 있을까? 지금 당장 0부터 9까지의 수 중 하나를 떠올려 보자. 쉽게 할 수 있다. 사람이니까 원하는 대로 아무렇게나 죽죽 수를 나열할 수 있을 것 같다. 그런데 전 국민에게 0부터 9까지의 수 중 하나를 떠올리라고 한 뒤 통계를 내 보면 어떨까? 0, 1, 2, 3, 4, 5, 6, 7, 8, 9가 골고루 분포되어 있을까? 정말로 난수라면 모든 수가 고르게 나와야 한다.

그런데 막상 해 보면 쉽지 않다. 사람이 완전한 난수열을 만들어 내는 건 생각과 달리 어렵다는 소리다. 못 믿겠다면, 지금 머릿속으

14장 '아무거나'의 수학

로 수를 나열해 보자. 아무 수나 떠올린다는 말과 달리 우리는 기억과 생각을 한다. '방금 3을 썼으니까 또 3을 쓰기는 그렇고, 조금 멀리 있는 수를 쓸까⋯⋯.' 이런 식이다. 진짜 난수라면 앞에서 나온 어떤 수와도 독립적이어야 한다.

'아무렇게나'는 쉽지 않은 일

1960년대 이래 사람이 완전한 난수를 만들어 낼 수 있는지 확인하기 위한 실험이 여러 차례 이루어졌다. 그 결과 현재 사람은 그다지 훌륭한 난수 생성기가 아니라는 사실이 잘 알려져 있다. 몇 가지 실험 사례를 보자.

2007년 폴란드와 영국 연구진이 발표한 논문에 따르면, 사람은 난수를 생성할 때 바로 앞에 나온 수에 신경을 쓴다. 이 연구는 사람이 의식적으로 난수를 생성할 수 있다는 다른 연구 결과를 반박하기 위해 진행한 것으로, 성인 37명에게 0~9까지의 수 중 하나를 골라 난수열을 만들라고 주문했다. 그리고 이 난수열을 분석했는데, 참가자들이 만든 난수의 평균은 4.5에 가까웠다.

여기까지만 보면 0~9가 무작위적으로 균등하게 나열된 것처럼 보인다. 그러나 연구진이 연이어 있는 두 수의 경향을 살펴보자 그렇지 않다는 사실이 드러났다. 두 수가 연달아 나올 확률, 예를 들어 5

다음에 다시 5가 나올 확률은 원래 10퍼센트다. 그러나 참가자들이 만든 난수열에서는 7.5퍼센트 정도로 낮았다. 바로 앞에 나왔던 수를 의식적으로 피하는 경향이 있었다고 해석할 수 있다.

2012년에 나온 독일과 스위스 연구진의 논문에 따르면, 사람에 따라 만드는 난수열에 어느 정도 패턴이 있었다. 이들은 참가자 20명에게 1에서 9까지의 수를 가지고 난수열 300개를 만들라고 주문했다. 그리고 이 난수열을 분석해 어떤 사람이 만들어 낼 난수열을 예측하는 게 어느 정도 가능하다는 사실을 보였다. 무작위로 찍는다면 다음에 나올 수를 맞힐 확률이 약 11퍼센트지만, 연구진은 이 확률을 최대 40퍼센트대까지 높일 수 있었다. 또 어떤 한 사람이 만든 난수열 2개와 다른 사람이 만든 난수열 1개를 섞어 놓고 다른 사람이 만든 난수열을 찾아내는 실험에서는 최대 88퍼센트의 정확도를 냈다.

난수와 창의성의 관계는?

당장 우리부터가 완전한 난수를 만들어 내지 못하는 셈이다. 아무 수나 떠올린다는 아주 간단해 보이는 일에 얼마나 많은 요소가 영향을 끼치고 있는 걸까? 어쩌면 아무렇게나 떠올린다고 하는 것과 달리 우리 머릿속에서도 모종의(사람마다 조금씩 다른) 알고리듬이 돌아가고 있는 걸지도 모른다.

14장 '아무거나'의 수학

그렇다면 자유 의지라는 철학적인 주제까지 건드리지 않을 수 없다. 우리의 생각이 사실은 미리 정해진 알고리듬에 따라 돌아가는 거라면, 우리가 과연 자유 의지대로 행동하는 것인지 심각하게 의심해 볼 수밖에 없다.

어릴 적 게임 만들면서 놀던 이야기에서 시작해 너무 거창한 주제까지 흘러오게 되었는데, 오늘날 난수는 게임은 물론 통계 조사, 시뮬레이션, 암호, 예술 등 다양한 분야에서 실용적으로 쓰이고 있다. 이런 분야에 활용하기에 컴퓨터보다 창의성이 뛰어나다고 여겨지는 사람이 만든 난수보다 컴퓨터가 만든 가짜 난수가 더 낫다는 사실이 놀라울 뿐이다. 우리의 창의성에 관해서도 다시 생각해 봐야 할지도 모르겠다.

수학으로 게임하고, 게임으로 수학하고

15장

게임 만들고 놀던 이야기를 한 김에 게임 이야기를 좀 더 해 보자. 언젠가 인터넷을 돌아다니다가 이미지 하나를 본 적이 있다. 어떤 꼬마하나가 수학 공식이 쓰인 칠판 앞에서 머리를 싸매고 있고, 그 위에 "나는 커서 게임을 만들 거니까 수학은 공부할 필요 없어!"라는 말이 영어로 쓰여 있었다. 그 밑에는 파안대소하고 있는 사람들 그림이 있고, 그 웃는 사람들 각각에는 C++, Open GL 같은 단어나 모종의 로고가 그려져 있었다.

    C++이 프로그래밍 언어라는 것 말고 나머지는 잘 알지 못했지만, 이 농담을 이해하는 건 어렵지 않았다. 아마도 게임을 만드는 데 필요한 언어나 도구였을 것이다. 그리고 웃는 이유는 뻔했다. 수학을 모르면서 게임을 만들겠다는 말이 어처구니없었기 때문이다. 게임을 만들기 위해 프로그래밍 언어나 도구를 다루려면 수학이 꼭 필

요하다는 뜻일 테다.

게임 만들다 배운 좌표

어린 시절 내가 만들던 게임은 아주 아주 단순한 종류였다. 배울 수 있는 곳도 마땅치 않아서 어찌어찌 주위들은 몇 가지 정보를 가지고 무작정 흉내만 내 어설펐다. 그래도 나름대로 궁리해야 할 게 많았다. 게다가 아무리 단순한 게임이라도 수학을 모르고서는 만들 수 없었다.

즐겨 만들었던 게임 중 하나가 비행기 2대가 서로 공격하는 2인용 게임이었다. 화면 맨 위와 아래에 각각 비행기가 1대씩 있고, 양옆으로 움직이며 미사일을 발사해서 상대방 비행기를 맞히면 이긴다. 여기서 중요한 건 비행기와 미사일의 위치였다. 키를 조작할 때마다 비행기의 위치를 옮겨야 했고, 미사일을 발사하면 일직선으로 쭉 날아가게 만들어야 했다. 또 미사일이 비행기를 맞혔는지도 프로그램이 판정할 수 있어야 했다.

이때 나는 좌표 개념을 익혔다. 화면은 좌표 평면이었고, 변수를 이용하면 비행기와 미사일의 위치를 나타낼 수 있었다. 비행기와 미사일의 좌표가 일치하면 명중한 것이었다. 미사일끼리 충돌할 때도 생각해야 했다. 그리고 조건문을 이용해 비행기와 미사일의 위치가 미리 정해 둔 범위를 넘어가지 못하도록 했다. 아마 이 정도였던 것 같다. 이보다 더 복잡한 것을 짜기에는 내 능력이 따르지 않았고, 베이식이라는 언어도 너무 느렸다.

좀 더 게임 같은 게임은 다른 사람이 만들어 놓은 것을 이용했다. 잡지나 책에 실린 프로그램을 입력하면 게임을 즐길 수 있었다. 돌이켜 보면 그때는 정말 게임 한 번 하는 것도 쉽지 않았다. 길게는 1시간 정도 프로그램을 일일이 타이핑한 뒤 오타로 생긴 에러를 잡고 나서야 즐길 수 있었다. 다음에 또 이런 일을 반복하지 않으려면 카세트 테이프에 프로그램을 저장해야 했다.

아무튼 그중에서 기억나는 것 중 하나가 대포 게임이었다. 화면 양쪽에 대포가 1대씩 있고, 그 사이에는 산 또는 계곡이 있었다. 매번 실행할 때마다 무작위로 위치나 산의 높이 또는 계곡의 깊이가 달라졌다. 게임 방식은 단순했다. 두 사람이 번갈아 대포를 발사하는 각도와 힘을 수치로 입력한다. 그러면 그에 따라 대포알이 날아간다. 그 궤적을 보고 각도와 힘을 조절해 가며 먼저 상대의 대포를 파괴하면 이긴다. 2000년대 초에 유행했던 포트리스라는 게임의 아주 단순한 버전이다.

대포의 궤적은 함수를 이용하면 구할 수 있다. 발사한 힘과 중력 가속도를 고려해 고등학교 수준의 수학을 이용하면 수식을 만들 수 있을 것 같다. 대포알이 대포를 맞혔는지는 아까처럼 좌표 개념을 이용해 판정할 수 있다. 다만 실제로 내가 했던 게임은 화면 위에서 대포알이 있는 위치의 색을 이용해 판정했던 것으로 기억한다.

이게 게임 책이야, 수학 책이야?

수학 잡지의 편집장으로 일하던 시절에 잡지 독자들을 초청해 게임 제작을 경험하는 행사를 진행했다. 어린 학생들이 하루 이틀 만에 새로운 게임을 뚝딱 만들어 낼 수는 없는 노릇이라 간단한 형식의 게임을 기본 틀로 삼고, 거기에 자기만의 배경 스토리, 캐릭터를 입히게 했다. 그렇게 해서 최종 결과물로 점프하며 아이템을 먹어 점수를 쌓는 횡스크롤 게임을 만들었다.

별거 아닌 일 같아도 여기에는 수학 내지는 수학적인 사고력이 들어간다. 참가 학생들은 어린 시절의 나처럼 좌표 개념을 배웠고, 스크롤 속도, 점프 속도, 점프 높이, 아이템별 점수, 아이템별 등장 빈도와 같은 수치를 조절해 가며 각자 원하는 게임성을 구현했다. 물론 하루 만에 간단히 게임을 만들 수 있었던 건 웬만한 기능이(예를 들면 점프하는 캐릭터의 궤적을 구하는 것 같은 기능이) 이미 구현되어 있는 제작 도구를 이용했기 때문이다.

이런 도구를 게임 엔진(game engine)이라고 부른다. 게임 회사에서는 게임 엔진을 제작하거나 구입해 게임을 만드는 데 쓴다. 행사 도중에 학생들과 공간을 제공한 게임 회사를 견학하는 기회도 얻었는데, 도서관을 둘러보던 나는 게임 엔진에 관한 책이 꽂혀 있는 것을 보고 내용이 궁금해서 한번 꺼내서 훑어보았다. …… 그리고 바로 덮었다. 내 눈으로는 수학 전공 서적과 구분할 수 없을 만큼 수학 공식이 가득히 들어차 있었다. 물체가 어디에 부딪혀 튕길 때의 움직임 따위를 나타낸 그림과 수식 정도가 그나마 무슨 뜻인지 알아볼 만한 내용이었다. 이용만 하는 거라면 덜할지 몰라도 게임 엔진 자체를 개발하는 건 수학을 모르고서는 도저히 할 수 없는 일이라는 인상은 강하게 받을 수 있었다. 그러니 "게임을 만들 거니까 수학은 공부할 필요 없다."는 아이를 앞에서 본 인터넷 밈에서 그렇게 비웃었던 것이다.

한 가지 예를 들어 보자. 컴퓨터 게임에 관심이 많은 사람이라면 요즘 '레이 트레이싱(ray tracing)'이라는 단어를 많이 접했을 것이다. 레이 트레이싱은 말 그대로 '광선 추적' 기술이다.

우리가 주위를 볼 수 있는 건 빛이 눈에 들어오기 때문이다. 빛은 어디선가 나와 우리 눈에 들어오기까지 여러 가지 물체에 부딪쳐 반사된다. 그래서 명암도 있고, 유리에 주위 풍경이 반사돼 비치기도 한다. 레이 트레이싱은 게임 속 가상의 환경에서 빛의 경로를 추적해 가상의 물체와 부딪쳤을 때의 상호 작용을 구현하는 기술이다. 이 기술을 이용하면 게임 그래픽 속의 그림자나 반사광을 현실처럼 나타낼 수 있다. 미리 만들어 두는 것도 아니다. 게임을 하는 동안 실시간으로 연산해서 보여 주므로 어떤 상황이 펼쳐져도 실감 나는 장면을 볼 수 있다.

물론 조금만 생각해 봐도 여기저기 부딪쳐 반사되는 빛의 경로를 일일이 계산한다는 게 쉬운 일이 아님을 알 수 있다. 가능한 한 효율적으로 계산할 수 있는 알고리듬이 있겠지만, 이 기술을 구현하려면 여전히 막대한 연산력이 필요하다. 아쉽게도, 최상급의 그래픽으로 게임을 즐기려면 아직은 200만 원을 호가하는 그래픽 카드를 사야 한다.

운영도 플레이도 수학으로

수학을 열심히 공부해서 그래픽도 멋지고 최적화된 잘된 게임을 만들었다고 하자. 수학의 역할은 여기서 끝일까? 그렇지 않다. 예전에는 게임을 잘 만들어서 팔면 됐지만, 지금은 게임이 오랫동안 사랑을 받을 수 있도록 '운영'을 해야 할 때가 많다. 승률이 균형 있게 나오도록 캐릭터의 능력치를 조절해야 할 수도 있고, 캐릭터나 아이템을 뽑을 확률을 적절히 정해야 할 수도 있다. 이런 일을 제대로 하지 못하면, 플레이어가 떨어져 나간다. 너무 돈만 밝히는 식으로 운영하면 욕을 먹기도 한다.

데이터 분석도 필수다. 각 캐릭터에 대한 플레이어의 선호도, 어떤 변경 사항에 대한 반응, 플레이 방식, 접속자 수, 접속 시간 등 여러 가지 데이터가 있을 수 있고, 이런 데이터를 분석하면 게임을 재미있게 유지하고 인기가 떨어졌을 때 문제를 파악하는 데 도움이 된다.

대규모 다중 이용자 롤 플레잉 게임(massively multiplayer online role-playing game, MMORPG)의 경우 접속 빈도와 활동을 통해 플레이어의 이탈을 예측할 수 있다. MMORPG에서는 여러 플레이어가 '파티'를 맺어 적을 물리치는 등의 활동을 한다. 여기에 참여한 플레이어를 대상으로 관계 네트워크를 그린다. 함께 활동한 플레이어끼리 선으로 이어서 네트워크를 그리면 여러 군집이 나타난다. 네트워크에서 복잡하게 얽혀 있는 플레이어는 충성도가 높다고 할 수 있고, 반대로 느슨하게 이어진 플레이어는 이탈 위험이 있다고 볼 수 있다.

기계 학습으로 AI를 훈련시키면 이탈 위험이 있는 플레이어를 사전에 예측해 골라낼 수 있다. 정확도가 충분히 높아진다면, 이런 플레이어의 이탈을 막기 위해 방법을 강구해야 한다. 게임 방식을 개선하거나 새로운 콘텐츠를 기획할 때 참고로 할 수 있을 것이다.

무슨 게임을 그렇게까지 하냐 할 수 있지만, 단순히 게임을 즐기기만 하는 데도 수학적인 머리를 써야 할 때가 있다. 게임 속에서 어떤 아이템을 얻고 어떤 것을 포기할까 같은 전략적인 판단도 따지고 보면 수학적인 사고다. 큰 맵 안에서 어떤 경로로 돌아다녀야 퀘스트를 효율적으로 완료할 수 있을까 궁리하는 것도 그렇다.

시뮬레이션 게임은 더하다. 예전에 한 역사 시뮬레이션 게임을 해 보려고 했다가 수익을 최대화하기 위해 국가 간의 무역 경로를 짜는 게 도무지 이해가 안 되어서 접은 적도 있다. 궤도로 위성을 쏘아 올리고 탐사선을 발사하는 로켓 시뮬레이션 게임도 그런 식으로 공부해야 할 게 많았다.

지금은 나이를 먹어서 그런지 공부까지 하면서 게임을 하는 게 부담스럽다. 그래서 웬만하면 어렵지 않은 게임만 하는 편이지만, 그렇다고 또 너무 단순하기만 하면 재미가 없긴 하다. 아마 사람마다 생각이 다를 것이다. 어떤 사람은 머리를 쓰고 게임 속 퍼즐을 푸는 데서 재미를 느낄 것이고, 어떤 사람은 아무 생각 없이 스트레스를 푸는 게임이 좋다고 할 것이다.

하지만 아무리 그래도 정말 기계적으로 버튼만 누르는 수준으로 단순한 게임이 아닌 한 게임을 즐기는 사람이라면 누구나 어느 정도는 머리를 수학적으로 놀리고 있을 것이다.

수학하는 인간, 숫자 세는 동물

16장

어렸을 때부터 우리 집에서는 거의 항상 동물을 길렀는데, 다소 특이하게도 개나 고양이 같은 흔한 동물은 없었다. 금붕어를 키운 적도 있지만, 대개는 야생에서 잡아 온 물고기 따위를 많이 길렀다. 강에서 잡아 온 피라미나 돌고기, 납자루, 미꾸라지, 새우에 할아버지가 잡아 주신 자라와 남생이도 우리 집을 거쳐갔다. 또 십자매와 금화조 같은 새도 잠시 길렀고, 몇 년간 토끼와도 함께 살았다. 그러다가 10여 년쯤 전에야 마침내 평범하게 개를 한 마리 들였다.

집에 동물이 있으면 심심함이 덜하다. 하다못해 어항 속의 물고기라고 해도 아무 일이 없을 때는 들여다보고만 있어도 은근히 즐겁게 시간을 보낼 수 있다. 그렇게 동물들을 지켜보다 보면 의외로 동물이 똑똑하다고 느낄 때가 있다. 문득 '이거 사람 아냐?' 싶을 때도 있는 개는 말할 것도 없고, 남생이 같은 파충류나 물고기도 나름대로 머리가 있다. 당연한 소리지만, 자연 속에서 진화하며 살아온 녀석들이다 보니 기계처럼 단순하지는 않을 것이다.

우리 사람도 진화 과정에서 서서히 머리가 좋아져 지금에 이르게 되었을 것이다. 그러면 우리는 언제쯤부터 수학을 할 수 있게 되었을까? 또 어떻게 수학을 할 수 있게 되었을까? 타임 머신을 타고 과거로 돌아가 볼 수는 없는 노릇이므로 과학자들은 동물의 수학 능력에서 실마리를 찾곤 한다.

덧셈하는 개

동물의 수 감각을 연구하는 건 쉽지 않다. 수나 양에 관한 감각이 분명히 있기는 할 것이다. 수가 서로 다른 먹이가 있을 때 많은 쪽을 택하는 게 생존에 유리할 테니까 말이다. 하지만 동물들이 숫자를 사용하는 것도 아니고 말도 통하지 않으니 정교한 실험을 통해 추측하는 수밖에 없다. 제대로 실험하지 못하면 '영리한 한스'와 같은 꼴이 될 수 있다.

영리한 한스는 20세기 초에 살았던 말로 간단한 연산을 수행할 수 있다고 해 유명해졌다. 예를 들어, 2 더하기 3의 정답이 뭐냐고 물으면 발굽으로 땅을 5번 두드렸다는 것이다. 이 말은 상당한 화제를 일으켰지만, 자세한 조사 결과 실제 계산을 할 수 있었던 게 아니라 주위 사람들, 그중에서도 특히 말 주인의 반응을 보고 답을 내놓았다고 한다. 답이 5일 때 땅을 5번 두드리면 말 주인이나 주위의 구경꾼들이 무의식적으로 더 집중한다거나 몸을 움직인다거나 하는 식으로 반응하게 되는데, 이를 알아채고 두드리는 것을 멈췄던 것이다.

그때야 신기하게 여기는 사람이 많았다지만, 지금 보면 말이 사람의 말을 알아들었다는 데서부터 말이 안 된다. 동물의 수 감각을 알아보려면 동물이 인식할 수 있는 방식으로 문제를 제시한 뒤 동물의 행동을 자세히 관찰해야 한다.

2002년 영국 드몽포트 대학교 연구진이 개를 대상으로 한 연구를 보자. 이 연구는 개가 먹이를 쳐다보는 시간을 이용해 개의 수 감각을 파악하려 했다. 첫 번째 실험에서는 가림막 뒤에 접시를 놓고 먹이를 1개 놓았다. 그리고 가림막을 열어 먹이가 1개 있는 모습을 보여 주며 개가 먹이를 쳐다보는 시간을 잰다. 이어서 실험자가 먹이를 하나 더 보여 준 뒤 접시 위에 놓고 가림막을 열어 먹이가 2개가 된 모습을 보여 주며 시간을 잰다.

두 번째 실험에서는 실험자가 먹이를 하나 더 보여 준 뒤 접시에 놓지 않고 몰래 숨긴다. 그리고 가림막을 열어 먹이가 여전히 1개인 모습을 보여 주며 시간을 잰다. 세 번째 실험에서는 먹이를 하나 더 보여 준 뒤 접시에는 몰래 2개를 더 놓는다. 그리고 가림막을 열어 먹이가 3개가 된 모습을 보여 주며 시간을 잰다.

그 결과 첫 번째 실험에서는 개가 처음에 먹이 1개를 쳐다보는 시간과 2개가 된 모습을 쳐다보는 시간에 별 차이가 없었다. 하지만 두 번째와 세 번째 실험에서는 먹이가 그대로 1개인 모습과 먹이가 3개가 된 모습을 보는 시간이 상당히 길어졌다. 연구진은 개가 1+1=2인 상황을 보고는 당연하게 여겼지만, 1+1=1과 1+1=3인 상황에서는 의아함을 느껴 더 오래 쳐다보았다고 추측했다. 개에게 기초적인 수 감각이 있기 때문이라는 것이다.

까마귀도 0을 안다

몇몇 새도 수 감각을 갖고 있음이 연구를 통해 드러났다. 대표적인 사례가 까마귀다. 까마귀가 간단한 수를 셀 수 있다는 사실은 잘 알려져 있다. 게다가 최근에는 독일 튀빙겐 대학교 신경 생물학 연구소 연구진이 까마귀가 0이라는 수 개념을 이해한다는 실험 결과도 내놓았다. 0을 수로 인식하는 건 인간조차 어린 시절에는 어려워하는 일이다.

연구진은 모니터를 통해 0개부터 4개까지의 점을 보여 주며 사전에 보여 주었던 것과 똑같은 수의 점이 보이면 반응하고 그렇지 않으면 반응하지 않도록 까마귀 2마리를 훈련했다. 모양이 같은 것을 보고 고르지 않도록 점의 수는 같되 배열이 달라지도록 했다. 그동안 연구진은 까마귀 뇌의 신경 활동을 관찰했다.

흥미롭게도 까마귀는 점이 아무것도 없을 때, 즉 두 번 다 0개일 때도 반응을 보였다. 과거에도 이런 실험에 참여한 경험이 많은 까마귀는 답을 완벽하게 맞혔다. 그렇지 않은 까마귀는 종종 틀리는 모습을 보였는데, 두 수가 0과 2일 때보다 0과 1일 때 더 자주 틀렸다. 원래 점의 수를 가지고 수를 구별하는 실험을 할 때는 수의 차이가 작을수록 어렵다. 점 1개와 2개를 구별하는 것보다는 점 9개와 10개를 구별하는 게 어렵다는 점을 생각하면 이해가 쉽다. 연구진은 이를 근거로 들어 까마귀가 0을 자연수와 이어지는 가장 낮은 수로 여긴다고 주장했다.

이렇게 0을 인식하는 동물은 인간을 제외하고 2종이 더 있다. 히말라야원숭이와 꿀벌이다. 이번에 까마귀가 추가되면서 총 3종이 되었다. 하나는 포유류고 하나는 조류며 하나는 곤충으로 서로 분류가 다르다. 0을 수로 인식하는 능력이 동물계에서 여러 차례 진화했을 가능성이 크며, 그런 능력이 공통적으로 필요했다는 이야기다.

식물도 수를 센다?

비록 이해하고 하는 행동은 아닐지라도 상당히 수준 높은 수학을 행동으로 보여 주는 사례도 있다. 이런 경우는 수학 능력이 뛰어나다기보다는 최적화의 결과로 보는 게 맞겠지만, 흥미롭기는 마찬가지다.

2013년 독일 레겐스부르크 대학교 얀 외틀러(Jan Oettler)와 볼커 슈미트(Volker S. Schmid)는 개미가 페르마의 원리에 따라 이동 경로를 바꾼다는 사실을 확인했다. 페르마의 원리는 빛이 가장 시간이 적게 걸리는 경로로 이동한다는 원리다. 공기 중에서 물속으로 빛을 비추면 공기와 물의 경계에서 빛이 방향을 꺾는다. 물속에서는 빛의 속도가 느려지기 때문이다. 가장 시간이 적게 걸리는 경로로 가려면 물속에서 움직이는 시간을 줄이고 공기 중에서 더 많이 움직여야 한다. 이게 바로 굴절의 원리다. 아마 중·고등학교 시절에 이 원리를 응용한 수학 문제를 풀어 본 적이 있을 것이다.

이 연구는 개미 무리가 재질이 다른 두 가지 표면의 경계에서 진행 방향을 바꾼다는 사실을 보였다. 연구진은 울퉁불퉁한 표면과 매끄러운 표면이 붙어있는 상자 안에 먹이를 놓고 개미가 어느 경로로 먹이를 가지고 오는지 관찰했다. 바닥의 재질 종류와 먹이의 위치를 바꿔 가며 실험한 결과 개미의 경로는 페르마의 원리에 따라 계산한 경로와 비슷했다. 울퉁불퉁해서 걷기 힘든 데서는 조금 걷고 매끄러워 걷기 쉬운 데서 많이 걸었다는 소리다.

개미나 꿀벌, 물고기처럼 군집 생활을 하는 동물은 때때로 사람도 흉내 내기 어려울 정도로 효율적인 집단 행동을 보여 준다. 이런 능력을 연구해 인간 사회의 여러 요소를 최적화하려고 연구하기도 한다.

동물의 수학 능력은 그 자체로도 흥미롭지만, 우리 인간의 수학 능력이 어디서 기인했는지를 밝힐 수 있는 실마리가 된다. 어쩌면 수학 능력의 발달은 생각보다 훨씬 더 멀리 거슬러 올라갈지도 모른다. 2016년 독일 분자 식물 생리학 및 생물 물리학 연구소의 제니퍼 뵘(Jennifer Böhm)을 비롯한 연구자 15명은 무려 식물도 수를 세는 능력이 있다는 연구 결과를 발표했다.

주인공은 바로 식충 식물인 파리지옥이다. 파리지옥은 먹이가 와서 앉으면 잎을 오므려 붙잡은 뒤 소화액을 분비한다. 쓸데없이 힘을 낭비하지 않고 먹이를 잡기 위해 파리지옥은 곤충이 잎에 몇 번 접촉했는지에 따라 움직인다. 두 번 접촉하면 잎을 오므리고 세 번쯤 더 접촉하면 소화액을 분비하기 시작한다. 다섯 번까지는 셀 수 있는 셈이다.

어쩌면 우리의 수학 능력은 진화 과정의 아주 초기부터 생겨난 것이 아닐까? 자연에서 살아남기 위해 꼭 필요한 게 수학이었을지도 모르겠다.

수학자의 농담은 재미있을까?

17장

한때 '코끼리를 냉장고에 넣는 법'이라는 농담이 유행한 적이 있다. 코끼리를 냉장고에 넣는 방법이 전공이나 직업에 따라 어떻게 다를지 상상해 보는 놀이였다. 전공의 특성을 잘 모른다면 웃기지 않을 수도 있지만, 아는 사람들은 한 번씩 웃고 넘어갈 수 있는 그런 농담이었다.

수학자가 코끼리를 냉장고에 넣는 방법은 무엇일까? 코끼리를 미분한 뒤 냉장고 안에 넣고 다시 적분한다. 또 다른 방법도 있다. 코끼리와 닭이 위상 동형임을 보인 뒤, 코끼리를 변형해 닭으로 만들어 넣는다. 관련된 수학 개념을 알면 이해할 수 있는 내용인데, 썩 재미있는지는 잘 모르겠다. 수학자들은 정말 이러고 노는 걸까?

어떨 때는 이런 농담이 현실을 풍자하는 방식으로도 쓰인다. "교수가 대학원생에게 코끼리를 냉장고에 넣으라고 시킨다."라는 답변은 대학원생이 노예처럼 일하는 현실을 비꼬는 것이다. 그렇다면 수학과 수학자에 관한 농담에도 풍자가 들어 있지 않을까? 관련 농담을 살펴보면 사람들이 수학 혹은 수학자에 어떤 이미지를 가졌는지를 알 수 있을 것 같다.

수학을 이용한 장난

개인적으로 가장 처음 들어 본 수학 농담은 '미분 귀신'이다. 자연수 마을에 미분 귀신이 나타났다. 미분 귀신은 자연수를 미분해 모두 0으로 만들었다. 그러자 다항식 마을에서 구원군이 왔다. 그런데 미분 귀신은 다항식도 여러 번 미분해 0으로 만들어 버렸다. 마지막으로 아무리 미분해도 0이 되지 않은 e^x가 도와주러 왔다. 미분 귀신은 e^x를 y로 미분해 결국 0으로 만들었다는 이야기다. 고등학교 수준의 미적분 지식이 있으면, 쉽게 이해할 수 있을 것이다.

인터넷을 돌아다니다 보면 이런 식의 수학 농담을 어렵지 않게 찾을 수 있다. 대개는 수학 개념을 엉뚱하게 이용해 웃음을 유발하는 내용이다. 가령 피자의 반지름이 z고, 높이가 a일 때 피자의 부피는 $\pi(\text{pi}) \times z^2 \times a = \text{pizza}$와 같은 식이다.

혹은,

$$\frac{d}{dx}\frac{1}{x} = \frac{\cancel{d}}{\cancel{d}x}\frac{1}{x} = \frac{1}{x}\frac{1}{x} = -\frac{1}{x^2}$$

와 같은 계산 유머도 있다. 계산 과정은 당연히 틀렸지만, 어쩌다 보니 맞는 답이 나왔다. 이와 반대로 흥미로운 개념을 그대로 이용한 농담도 있다.

인터넷에서 발견한 「위상 수학자의 아침(Topologist Breakfast)」이라는 그림이 그런 예다. 위상 수학에 관해 조금 알고 있는 사람이라면, 아래 그림 속의 각 도형이 커피 잔(손잡이가 달린 찻잔), 바지, 셔츠, 양말과 위상 동형이라는 사실을 금세 알 수 있을 것이다. 즉 이 도형들은 찢거나 붙이거나 구멍을 뚫지 않은 채 구부리거나 늘리기만 해서 각각 커피 잔, 바지, 셔츠, 양말 모양으로 만들 수 있다.

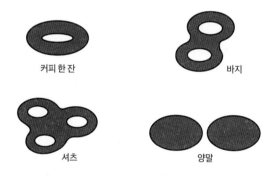

위상 수학자의 아침.

17장 수학자의 농담은 재미있을까?

혹은 양쪽으로 해석할 수 있는 표현으로 재미를 줄 때도 있다. "세상에는 10종류의 사람이 있다. 2진수를 아는 사람과 모르는 사람이다." 같은 농담이다. 10이라는 숫자를 보면 거의 모든 사람은 10진법의 10을 생각한다. 하지만 뒤 문장을 보고 나면, 10이 2진법으로 쓰였다는 사실을 깨닫게 된다. 2진법에서 10은 10진법의 2와 같다. "수학자는 핼러윈과 크리스마스를 구분하지 못한다."라는 것도 비슷하다. 이건 영어권에서 통하는 농담인데, 핼러윈인 10월 31일과 크리스마스인 12월 25일을 각각 31 OCT와 25 DEC라고 표시할 수 있다. OCT는 8진법을 나타내는 octal의 줄임말이고, DEC는 10진법을 나타내는 decimal의 줄임말로 볼 수 있다. 8진법으로 나타낸 31을 10진법으로 바꾸면 25가 되어 둘이 똑같다.

수학은 다른 학문보다 엄밀하다!

때로는 수학이라는 학문 자체의 특징을 가지고 농담을 하기도 한다. 학문적 순수성이나 엄밀성을 강조하는 특징 등을 우습게 나타내는데, 보통 다른 학문 전공자가 출연해 비교 대상이 되곤 한다. 또 그 과정에서 수학자는 꽉 막혀 있거나 상식을 결여한 모습으로 나오는 경우가 많다.

공학자와 물리학자, 수학자가 스코틀랜드로 여행을 갔다. 셋은 기차 창문 밖으로 검은색 양 1마리를 보았다. 공학자가 말했다. "아, 스코틀랜드의 양은 검은색이로군." 그러자 물리학자가 말했다. "음, 일부 스코틀랜드 양이 검다는 소리겠지." 그러자 수학자가 말했다. "아니야. 우리가 알 수 있는 건 스코틀랜드에 적어도 1마리의 양이 있으며, 그 양은 적어도 한쪽 면이 검다는 것뿐이야!"

공학자보다는 물리학자, 물리학자보다는 수학자가 더욱 엄밀하게 상황을 기술한다. 실용성을 중시하는 공학과 엄밀성을 중시하는 수학, 그리고 그 사이에 있는 물리학의 특징을 반영한다고 볼 수 있다. 다음 농담도 비슷한 맥락이다.

수학자와 공학자가 섬에 표류했다. 두 사람은 열매가 1개씩 달린 코코넛 나무 2그루를 발견했다. 공학자가 나무 1그루를 타고 올라가 코코넛을 따 먹었다. 수학자는 나머지 나무를 기어 올라가 코코넛을 딴 뒤 다시 다른 나무를 타고 올라가 그 위에 코코넛을 놓는다. 그리고 이렇게 말한다. "이제 우리가 풀 수 있는 문제로 환원했어."

복잡하고 어려운 문제를 풀 수 있는 간단한 문제로 바꾸어 해결하는 건 수학에서 흔히 쓰는 방법이다. 그리고 어리석어 보이는 수학자의 행동이 엄밀성을 추구하는 수학의 특징을 보여 주고 있다고도 할 수 있다. '나무를 올라가 열매를 딴다.'라는 똑같은 문제를 봐도 두 나무의 모양이나 열매의 높이 등이 모두 같을 수는 없다. 일견 같은 문제로 보여도 수학적으로 엄밀하게 따지면 다른 문제가 될 수 있는 것이다.

또 있다. 공학자와 물리학자, 수학자가 호텔에 묵는다. 공학자가 타는 냄새를 맡고 깨어난다. 복도에 나가 보니 불이 나 있다. 그래서 쓰레기통에 물을 담아 불을 끄고 다시 잠든다. 얼마 뒤 물리학자가 타는 냄새를 맡았다. 복도에 불이 났다. 물리학자는 소화 호스를 들고 화염의 속도, 거리, 수압, 궤적 등을 계산한 뒤 딱 필요한 만큼의 물과 에너지만 이용해 불을 껐다. 얼마 뒤 수학자가 타는 냄새를 맡고 깨어난다. 복도에 나가 보니 불이 나 있고, 소화 호스가 있다. 수학자는 잠시 생각했다. 그리고는 "해답이 존재하는군!"이라 외치고 다시 자러 갔다.

이 농담이 풍자하는 각 학문의 특징은 실용성에 대한 관심의 차이로 보인다. 수학자는 실용적인 목적과 무관하게 해답이 존재하는지만 찾는다. 해답이 있으면 그것으로 만족한다.

수학자의 자괴감

농담이라고 하면 자학 농담도 빠질 수 없다. 수학자 스스로 자신의 처지를 농담 거리로 삼는 것인데, 대중적이고 인기 있는 연구를 하지 않는다는 자괴감을 드러내곤 한다.

다음 중에서 나머지 셋과 가장 다른 것은?

1. 수리 생물학 박사

2. 이론 수학 박사

3. 통계학 박사

4. 커다란 페퍼로니 피자

정답은 2번이다. 왜냐하면 나머지 셋은 4인 가족을 먹여 살릴 수 있기 때문이다. 순수 수학만을 전공해서 먹고 살기 힘들다는 말을 농담조로 한 것이다. 그런데 사실 수학만이 아니라 웬만한 전공에는 다 이런 농담이 있는 것 같다. (아래는 트위터에서 발견한 문장이다.)

수학에서 어떤 문제에 관심이 있는 사람이 세상에 적어도 3명 있다면, 중요한 문제라고 부른다. 만약 10명 이상이 관심이 있다면, 아주 중요한 문제라고 부른다. 만약 20명 이상이 관심이 있다면, 그건 대단히 중요한 문제로 여겨지며 해결할 경우 필즈 상을 받을 수 있다.

수학자들이 관심을 두고 연구하는 주제가 관심을 받지 못한다는 이야기다. 수학 연구가 그들만의 리그라는 현실을 풍자하는 것처럼 보인다. 수학자를 별종으로 취급하는 분위기를 나타내는 것일지도 모르겠다.

이런 농담은 수학자들의 자괴감 표현일 수도 있지만, 달리 생각하면 '우리는 보통 사람이 하지 않는 일을 한다.'라는 자부심의 표현

17장 수학자의 농담은 재미있을까?

일 수도 있겠다는 생각이 든다. 어느 직업이든 마찬가지겠지만, 그런 재미와 자부심이 없다면 굳이 수학자를 선택하지 않았을 것이다.

자학은 아니더라도 수학에만 정신이 팔려 얼빠진 행동을 하는 수학자의 일화는 그 자체로 농담이 된다. 미국의 수학자 노버트 위너(Norbert Wiener)가 어느 날 일을 마치고 집에 돌아왔더니 집이 텅 비어 있었다고 한다. 당황해서 근처에 있던 여자아이에게 물어보니까 그날 다른 집으로 이사를 했다고 대답했다. 위너가 아이에게 고맙다고 하자 아이가 대답했다. "그럴 줄 알고 제가 기다리고 있었던 거예요, 아빠." 그러니까 집이 이사하는 날은 물론이고 자기 딸까지 잊어버렸다는 소리다. 설마 딸 얼굴까지 잊어버렸을까 싶지만, 실제로 비슷한 일이 있었던 건 사실이라고 한다.

농담은 어디까지나 농담이다. 농담을 사실로 받아들이지는 말자. 어느 분야든 기인이 있을 수 있지만, 수학자라고 해도 대부분은 평범한 사람이다. 다만 농담을 통해 수학과 수학에 대한 일반적인 이미지, 수학이라는 학문의 특징을 엿볼 수 있다는 점은 재미있다. 이번에 소개한 것 말고도 수학에 관한 농담은 많다. 각자 찾아보고 어떤 지점에서 웃음이 나오는지 확인해 보자. 스스로 수학 혹은 수학자를 어떻게 생각하고 있었는지 알 수 있을지도 모른다.

수학은 누구에게나 아름답다?!

우리가 아는 한 아름다움을 즐기는 건 사람만의 유희다. 자연 풍경, 멋진 그림, 화려한 음악 등 우리는 여러 가지에서 아름다움을 느낀다. 물론 개중에는 아주 유별난 대상에서 아름다움을 느끼는 희한한 사람도 있지만.

당연히 수학에서 아름다움을 느끼는 사람도 있다.

"왜 수가 아름답냐고? 그건 마치 베토벤의 교향곡 9번이 왜 아름답냐고 묻는 것과 같다. 당신이 이유를 모르겠다면, 누구도 알려줄 수 없다. 나는 수가 아름답다는 걸 안다. 만약 수가 아름답지 않다면, 아름다운 건 아무것도 없다."

『우리 수학자 모두는 약간 미친 겁니다(*The Man Who Loved Only Numbers*)』로 유명한 헝가리 천재 수학자 에르되시 팔의 말이다.

수학이 예술과 같을 수 있을까?

먼저 공식 하나를 보자.

$$e^{i\pi} + 1 = 0.$$

무엇이 느껴지시는지? 그냥 무슨 수학 공식이구나 할 뿐 별다른 생각이 들지 않을 수도 있을 것이고, 수학에 진저리가 나는 사람이라면 쳐다보기도 싫을 수도 있을 것이다. 아니면 수학은 잘 몰라도 생긴 것 자체로 눈길을 끌지도 모른다.

단순하지만 어딘가 심오해 보이는 이 식은 18세기의 스위스 수학자 레온하르트 오일러의 저서에 실려 있는 오일러 항등식이다. 흔히 수학자들이 인류 역사상 가장 아름다운 공식으로 꼽는 식이다. 수학을 잘 모르는 사람이 봐도 자연 로그의 밑(e)과 원주율(π), 허수(i), 그리고 간단한 정수인 0과 1이 이렇게 단순하고 딱 떨어지는 식을 만들어 낸다는 건 신기하다.

수학자나 과학자가 공식을 보고 "아름답다."라고 표현하는 경우는 드물지 않다. 아무 공식이나 다 아름답다고 하는 건 아니다. 아름다움에도 엄연히 정도가 있다. 2014년 영국의 신경 과학자 세미르 제키(Semir Zeki) 런던 대학교 교수는 수학자 16명에게 수학 공식 60개를 제시한 뒤 아름다움의 정도를 점수로 매기게 했다. 판단 근거는 순전한 주관적 느낌이었다.

각자 주관적으로 점수를 매겼지만, 결과는 그렇지 않았다. 실험에 참여한 수학자 대부분은 앞의 오일러 항등식이 아름답다고 생각했다. 그리고 대부분이 인도 수학자 스리니바사 라마누잔(Srinivasa Ramanujan)의 무한 급수 공식이 못생겼나(ugly)고 생각했다. 라마누잔의 무한 급수 공식은 다음과 같다. 여러분도 동의하시는지?

$$\frac{1}{\pi} = \frac{2\sqrt{2}}{9801} \sum_{k=0}^{\infty} \frac{(4k)!(1103 + 26390k)}{(k!)^4 396^{4k}}.$$

연구진은 2주 뒤에 수학자들에게 똑같은 공식을 보여 주고 점수를 매기게 하면서 이들의 뇌를 기능적 자기 공명 영상 장치(fMRI)로 촬영했다. 그 결과 더 아름다운 공식을 볼수록 뇌의 특정 부위가 더 활성화된다는 현상을 알아냈다. 이 부위는 감정과 연관된 곳으로, 아름다운 그림이나 음악을 접했을 때 일어나는 감정적인 반응과 관련이 있다. 수학 공식을 보고 느끼는 아름다움이 다 빈치의 「모나리자」나 모차르트의 소나타에 대해 느끼는 아름다움과 별반 다르지 않다는 뜻이다.

그런데 수학이 예술과 같을 수 있을까? 미술이나 음악을 공부하지 않아도 우리는 예술 작품에서도 아름다움을 느낄 수 있다. 연구진은 예술과 달리 수학에서 아름다움을 느끼기 위해서는 공식의 의미

18장 수학은 누구에게나 아름답다?!

를 이해할 수 있어야 한다고 가정하고 수학자가 아닌 사람들을 대상으로 같은 실험을 반복했다. 역시 같은 공식을 봤을 때 일반인은 수학자보다 약한 뇌 반응을 보였다. 공식을 이해하지 못해도 간결함이나 대칭성 같은 요소에서 아름다움을 느끼는 참가자가 일부 있었지만, 아무런 반응을 보이지 않은 참가자도 있었다.

수학 공식의 아름다움은 수학자만을 위한 것일까?

그런데 최근에 일반인도 「모나리자」를 감상할 때처럼 수학에서 아름다움을 느낄 수 있다는 데 힘을 실어 주는 연구가 나왔다. 수학자인 스테판 스타이너버거(Stefan Steinerberger) 미국 예일 대학교 교수와 심리학자인 새뮤얼 존슨(Samuel G. B. Johnson) 영국 바스 경영 대학 교수는 4년제 대학을 졸업한 보통 사람들을 대상으로 수학과 예술에 대한 미적 감각이 얼마나 차이가 있는지 알아보기 위한 실험을 했다.

실험은 세 단계로 나뉘어 있는데, 첫 번째 실험에서는 수학과 풍경화를 비교했다. 참가자에게 수학적 논증 4개와 풍경화 4점을 제시한 뒤 미적으로 비슷한 짝을 찾아서 연결하게 했다. 두 번째는 음악이었다. 마찬가지로 수학적 논증 4개와 클래식 음악 4곡을 제시한 뒤 똑같이 짝을 만들게 했다.

실험에 사용한 수학적 논증 4개는 다음과 같다. 오일러 방정식이나 라마누잔의 무한 급수 공식과는 달리 고등 교육을 마쳤으면 충분히 이해할 수 있는 수준이다.

문제 1. 다음 무한 등비 급수의 합이 1인 것을 증명하라.

$$\frac{1}{2} + \frac{1}{4} + \frac{1}{8} + \frac{1}{16} + \frac{1}{32} + \cdots = 1.$$

증명 방법:

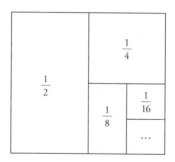

이 논증은 한 변의 길이가 1인 정사각형을 나누는 방식으로 증명할 수 있다.

문제 2. 1부터 100까지 자연수를 더하면 5050이 나온다. 이것을 쉽게 계산하는 가우스식 덧셈 트릭을 증명하라.

$$1+2+3+\cdots+98+99+100=5050.$$

증명 방법:

$$
\begin{array}{r}
1 + 2 + 3 + \cdots + 98 + 99 + 100 = 5050 \\
100 + 99 + 98 + \cdots + 3 + 2 + 1 = 5050 \\
\hline
101 + 101 + 101 + \cdots + 101 + 101 + 101 = 10100
\end{array}
$$

1부터 100까지 덧셈은 이렇게 계산하면 쉽게 할 수 있다. 10100을 2로 나눠서 정답인 5050을 얻는다.

문제 3. "5명으로 이루어진 집단이 있다면, 이중에 2명은 이 집단 안에 있는 친구의 수가 같다."라는 비둘기 집 원리를 증명하라.

증명 방법:
비둘기 집 원리는 다음과 같이 설명할 수 있다. 집단 안의 모두와 친구인 누군가 존재한다면, 집단 안의 사람이 가질 수 있는 친구의 수는 1, 2, 3, 4 중 하나다. 그런데 총인원이 5명이므로 네 수 중 하나는 반드시 2

번 나온다. 만약 누구와도 친구가 아닌 사람이 있다면, 집단 안의 사람이 가질 수 있는 친구의 수는 0, 1, 2, 3이 된다. 마찬가지로 하나는 반드시 2번 나온다.

문제 4. 아래 식처럼 "연속된 홀수의 합은 언제나 제곱수가 된다."라는 파울하버 공식을 기하학적으로 증명하라.

$$1 = 1^2$$
$$1 + 3 = 2^2$$
$$1 + 3 + 5 = 3^2$$
$$1 + 3 + 5 + 7 = 4^2$$

증명 방법:

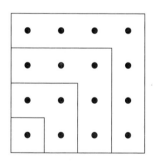

18장 수학은 누구에게나 아름답다?!

파울하버 공식은 앞과 같은 도형으로 설명할 수 있다.

이 수학적 논증들과 비교하라는 풍경화는 각각 요세미티와 로키 산맥, 안데스 산맥, 서퍽 지역을 그린 그림이다.

1. 알베르트 비어슈타트(Albert Bierstadt), 「요세미티 계곡을 내려다보며(Looking Down Yosemite Valley, California)」, 2. 알베르트 비어슈타트, 「로키 산맥의 폭풍(A Storm in the Rocky Mountains, Mt. Rosalie)」, 3. 프레더릭 애드윈 처치, 「안데스의 심장(The Heart of the Andes)」, 4. 존 컨스테이블(John Constable), 「건초 마차(The Hay Wain)」

각각 4가지씩이므로 모두 16가지 짝이 나온다. 만약 16가지 짝이 고르게 분포한다면, 참가자가 무작위로 짝을 지은 셈이니 수학적 논증과 미술 작품 사이에는 별 관련이 없다고 추측할 수 있다. 그런데 실험 결과는 우연히 나올 수 없는 경향성을 보였다. 비교적 많은 참가자가 요세미티의 풍경과 무한 등비 급수의 합 구하기가 비슷하고, 서쪽 지역 그림은 파울하버 공식이나 가우스의 덧셈 트릭과 비슷하다고 생각했다.

· 두 번째로 슈베르트와 바흐, 베토벤, 쇼스타코비치의 음악을 가지고 실험했을 때도 마찬가지였다. 참가자들은 베토벤의 음악이 비둘기 집 원리와 파울하버 공식과 비슷하고, 바흐는 가우스의 덧셈 트릭, 슈베르트와 쇼스타코비치는 무한 등비 급수 합 구하기와 비슷하다고 느꼈다. 이유는 알 수 없지만, 어떤 수학적 논증이 어떤 예술 작품과 비슷하다고 느끼는 데는 어느 정도 일관적인 경향이 있었다.

마지막으로 또 다른 참가자를 대상으로 첫 번째 실험에 사용한 수학적 논증과 그림을 무작위 순서로 보여 주며 진지함, 심오함, 명확한, 단순함, 우아함, 정교함 같은 여러 가지 미적 기준에 대해 0에서 10점까지 점수를 매기게 했다. 그리고 연구진이 이 점수를 가지고 첫 번째 실험의 결과를 예측하니 비슷하게 나왔다. 세 번째 실험에 참여한 사람들이 어떤 논증과 어떤 그림을 우아하다고 여겼다면, 첫 번째 실험에 참여한 사람들도 그 두 가지를 짝을 짓는 경향이 있었던 것이다. 이런 결과는 수학의 아름다움을 판단할 때도 예술 작품의 아름다움을 판단할 때와 비슷한 직관이 작용한다는 사실을 암시한다.

18장 수학은 누구에게나 아름답다?!

학생들에게 수학적 아름다움을 경험하게 하려면

수학의 아름다움은 수학을 배우는 데도 중요하다. 수학적인 아름다움을 느끼는 경험이 수학 학습을 위한 동기와 태도에 긍정적인 영향을 끼치기 때문이다. 하지만 제키 교수의 연구처럼 문외한이 고도의 수학 개념을 나타낸 공식을 보고 아름다움을 느끼기는 어렵다. 내용에 관한 이해 없이 간결하고 대칭적인 공식의 형태에서만 아름다움을 느낀다는 건 진정한 감상이라고 할 수 없다.

어린 학생들이 수학적 아름다움을 경험하게 하려면 그에 맞는 문제가 필요하다. 한 사례로 독일 김나지움의 5~8학년(11~14세) 학생과 11~12학년(17~18세) 학생, 그리고 사범대 학생을 대상으로 수학의 아름다움에 관해 조사한 결과를 보자. 설문 조사로 아름답다고 생각하는 수학 문제의 사례와 아름다운 수학 문제의 특징을 조사했는데, 11~14세의 어린 학생들은 대부분 너무 어렵지 않은 퍼즐 문제를 아름다운 문제의 사례로 들었다. 또 아름다운 문제가 되려면 풀이가 단순해야 한다고 답했다. 단순하되 너무 쉽거나 반복적이어서는 안 되고, 어떻게 풀어야 할지 모를 정도로 어려워서는 안 된다.

고학년 학생도 비슷하게 대답했지만, 실생활에 적용할 수 있는 문제를 아름답게 느낀다고 대답하는 경우가 더 많았다. 사범대 학생도 실생활에 적용할 수 있는 문제가 아름답다고 답했지만, 수학자와 비슷하게 우아한 풀이 방법을 아름다움의 요소로 많이 꼽았다. 학생의 경우 개개인의 성취도에 따라 다르지만, 요약하면 너무 쉽거나 너무 어렵지 않고 스스로 생각해서 공식 2개 이상을 조합해 풀 수 있는 문제를 아름답다고 여겼다.

게임이나 스포츠를 해 봐도 알 수 있듯이 너무 약하거나 너무 강한 상대와 대결하는 건 시시하다. 개인적인 경험에 비추어 봐도 비슷하거나 살짝 강한 상대를 만나 최선을 다할 때 비로소 아름다운 경기가 나오지 않는가.

자녀에게 수학을
어떻게 가르칠 것인가?

4부

천재 수학자는 뭐가 다를까?

어느 분야에나 천재는 있겠지만, 수학은 유독 천재에 관한 이야기가 많이 들리는 분야 같다. 우리 같은 일반인이 이름을 알 만한 수학자는 대개 천재라고 할 만한 사람들이다. 이런 사람들의 일화를 보며 역시 우리 같은 범인과는 뭐가 달라도 다른 사람들이라고 생각하고 사는 게 보통 사람의 삶이다. 당연하다. 이런 천재들과 자신을 비교하며 사는 건 정신 건강에 좋지 않을 테니 말이다.

그러다 보니 수학은 천재의 학문이라고 생각하는 사람이 많다. 나도 수학자를 만났을 때 그런 질문을 한 적이 있다. 수학자가 되려면 천재여야 하나요? 당연히 아니라는 답이 돌아왔다. 그렇다고 대답하면 자기 자신이 천재가 되는 셈이라 차마 민망해서 그렇게 대답했을지는 모르겠다. 어쨌든 내 질문을 받은 분만 그런 게 아니라 많은 수학자가 비슷한 대답을 내놓는다. 천재가 아니어도 충분히 수학을 할 수 있고, 수학자도 될 수 있다고.

물론 맞는 이야기다. 천재가 아니어도 수학을 연구할 수 있다. 문제는 어느 수준까지 올라가느냐다. 분야는 다르지만, 대학원 시절에 지도 교수님에게 좋아는 하지만 능력이 부족하면 어떻게 해야 하느냐고 물은 적이 있다. 그때 선생님은 좋아해서 계속하다 보면 결국 잘하게 될 거라고 답변하셨다. 그런 선생님도 그 분야의 세계적 천재를 직접 만났을 때 놀랐던 경험을 이야기해 주신 적이 있다. 내가 아무리 열심히 공부한들 그런 사람처럼 될 수 있었을까? 아닐 확률이 거의 100퍼센트다.

천재는 유전일까, 환경일까?

어떤 분야를 좋아해서 열심히 하면 일정 수준에 오를 수는 있다. 하지만 그 분야에서 손꼽을 정도의 위치에 올라가는 건 이야기가 다르다. 어려서부터 피나게 노력한 축구 선수는 헤아릴 수 없을 정도로 많겠지만, 그중에서도 리오넬 메시(Lionel Messi)는 특별하다. 천재인 것이다. 수학도 전 세계의 수많은 학생이 공부하고 있으며 그중 일부는 수학자를 꿈꾸기도 하지만, 역사에 이름을 남길 정도의 수학자가 되는 건 극소수다. 최고 수준에 오르지 못하면 의미가 없다는 게 아니다. 단지 그 정도 수준에 이른 사람은 과연 무엇이 다를까 궁금한 것뿐이다.

보통 어떤 사람이 어떤 분야에서 대단히 뛰어난 재능을 보이거나 성취를 이루면 그 사람을 가리켜 천재라고 한다. 아직 여기에 객관적이고 명확한 기준은 없다. 종종 IQ라는 수치를 이용하기도 하지만, IQ가 높다고 해서 모두 천재로 평가받는 건 아니다. IQ가 낮아도 훌륭한 업적을 이뤄낸 사람도 있다. 애초에 수치 하나로 인간의 지능을 나타낸다는 건 무리수로 보인다.

어떤 사람이 어떤 분야에 왜 재능을 보이는지도 정확히 알 수 없다. 재능은 흔히 결과를 보고 판단한다. 일단 해 본 뒤에 다른 사람보다 잘하면 재능이 있다고 판단한다. 남보다 성취가 빠르므로 본인도 더욱 재미를 느껴 열심히 하고, 이게 반복되면 뛰어난 인재로 성장하는 식이다.

재능에는 유전자와 성장 및 교육 환경이 모두 영향을 끼친다고 생각하지만, 그걸 미리 알 방법은 없다. 특히 유전자라는 건 워낙에 오묘해서 부모의 재능이 그대로 자녀에게 이어지지도 않는다. 앨런 튜링의 경우 조부는 수학을 공부했지만 부친은 수학을 전혀 하지 못했다. 모친은 엔지니어의 딸이었으니 그쪽으로 수학적 재능이 내려왔을 수도 있다.

요한 카를 프리드리히 가우스(Johann Carl Friedrich Gauss)의 부모는 교육을 받지 못한 노동 계급이었고, 모친은 글조차 읽지 못했다. 하지만 가우스는 어려서부터 수학에 두각을 나타냈고, 결국 수학사에 이름을 남겼다. 물론 가우스의 부모가 교육을 받지 못했다고 해서 지능이 낮았다고 할 수는 없다. 가우스의 부모도 수학에 재능이 있었지만, 환경 때문에 능력을 발휘하지 못했을지도 모를 일이다.

그렇지 않은 사례도 있다. 베르누이 가문은 다니엘 베르누이 (Daniel Bernoulli), 야코프 베르누이(Jakob Bernoulli), 요한 베르누이 (Johann Bernoulli) 같은 훌륭한 수학자를 여럿 배출했다. 천재로 유명한 존 폰 노이만의 부친과 조부 역시 머리가 굉장히 뛰어났다는 이야기가 있다.

집중하는 것도 능력

어떤 사람을 수학 천재로 만드는 게 무엇인지는 알 수 없다. 그러면 적어도 수학 천재에게서 일반적으로 찾을 수 있는 특징에는 어떤 게 있을까?

흔히 많은 천재는 어린 시절부터 특출난 재능을 보인다. 어떤 이들은 기억력이나 계산 능력에서 다른 사람과 확연한 차이를 보인다. 가우스나 폰 노이만 같은 경우가 그렇다. 특히 폰 노이만은 책을 통째로 외운다거나 엄청난 계산을 암산할 수 있었다는 일화가 여럿 있을 정도로 압도적인 천재성을 보여 준다. 현재 최고의 수학자로 꼽히는 테렌스 타오도 두 살 때 혼자서 사칙 연산을 익히고 다섯 살 때 미적분을 공부했다고 한다.

또 많은 천재가 보여 주는 특징 하나가 집중력이다. 이들은 자신이 호기심을 느끼는 일에 엄청나게 오랜 시간 집중하는 모습을 보여 준다. 역사상 손꼽히는 천재인 아이작 뉴턴이 이런 특징을 보였다. 연구에 너무 집중하느라 달걀 대신 시계를 끓는 물에 넣었다는 이야기는 어린이 위인전에 단골로 나오는 일화였다. 요즘 위인전에도 나오는지는 모르겠지만.

뉴턴이 사과가 나무에서 떨어지는 모습을 보고 만유인력을 떠올렸다며 번득이는 영감을 강조하는 이야기가 많이 퍼져 있지만, 실제로 뉴턴이 만유인력 이론을 완성한 배경에는 무려 20년에 걸친 연구가 있었다. 뉴턴은 어려서부터 공부한 내용을 꼼꼼히 적어서 정리하는 습관이 있었고, 완전히 이해할 때까지 책을 읽고 또 읽었다.

데카르트의 해석 기하학을 공부하던 뉴턴은 처음에 상당한 어려움을 겪었다. 기초적인 공부를 하지 않은 상태에서 최신 학문을 공부하려 들었기 때문이었다. 하지만 뉴턴은 막힐 때마다 앞으로 돌아가 다시 읽는 식으로 어려움을 극복해 나갔고, 결국 해석 기하학을 깊이 있게 이해할 수 있었다.

그리고 천재와 관련해 빠지지 않고 등장하는 특징인 창조성이 있다. 이것 역시 기준이 명확하지는 않지만, 다른 사람이 해내지 못하는 발상을 떠올리거나 다른 사람이 상상하지 못하는 관점에서 문제를 바라보는 능력이라고 하면 얼추 동의할 것이다. 하지만 이 역시 뉴턴을 비롯한 여러 사례처럼 기존의 지식을 깊이 있게 이해하는 데서 나오는 게 보통이다.

게다가 이런 특징을 충분히 발휘하고 인정받을 수 있는 시대와 환경에서 살았다는 사실도 중요하다. 타고난 재능을 충분히 발휘하지 못하고 살다 간 불운한 천재가 역사적으로 얼마나 많을까?

예술가에 가까운 수학 천재, 라마누잔

영국의 심리학자 앤드루 스텝토가 엮은 책 『천재성과 마음(Genius and the Mind)』에는 고드프리 하디와 스리니바사 라마누잔의 성격 특성을 비교, 분석한 내용이 있다. 고드프리 하디는 영국의 수학자로 수학사에 중요한 업적을 남겼다. 하디는 어린 시절부터 총명해 두 살 때 수백만에 달하는 수를 읽고 썼고, 세 살 때 학교에 입학했다. 교회 예배 중에 지루하면 찬송가 번호를 소인수 분해를 하며 놀았다고 한다.

라마누잔은 인도의 천재 수학자로 대중적으로도 잘 알려져 있다. 역시 어린 시절부터 수학에 남다른 재능을 보였다. 제대로 학교도 다니지 못했지만, 독학으로 수학을 공부해 재능을 인정받았다. 열두 살 때는 어떤 이론을 혼자서 만들었는데, 그게 위대한 수학자 오일러가 먼저 한 일이라는 사실을 알고 실망한 일도 있을 정도다.

하디와 라마누잔의 특별한 인연은 유명한 이야기다. 라마누잔은 제대로 수학을 연구하고 싶어 자신이 발견한 수학 정리를 편지에 적어 하디에게 보냈다. 하디는 라마누잔의 천재성을 알아보고 영국으로 초청해 수학을 연구할 수 있게 돕고 공동 연구도 진행했다. 두 사람 모두 뛰어난 수학자인데, 하디가 자신의 최대 업적은 라마누잔의 발견이라고 할 정도로 라마누잔의 천재성은 뛰어났다.

이 둘을 비교하면 어떨까? 이 책에서는 또 다른 뛰어난 수학자인 존 리틀우드(John Littlewood)와 재능 있는 젊은 수학 영재들도 함께 비교하고 있다. 그 결과 하디와 리틀우드, 젊은 수학 영재들은 비교적 비슷한 성격 특성을 지니고 있었다. 하지만 라마누잔은 달랐다. 라마누잔은 여러 지표에서 남들과 다른 극단적인 점수를 보였다. 참을성이 떨어지고 자신 또는 타인의 행동을 이해하려고 노력하는 성격 등은 낮았고 자주성과 변화를 추구하는 성격 등은 높게 나타났다. 저자는 라마누잔의 성격 분석을 요약해 "창조적인 예술가의 분석표"로 이해할 수 있다고 설명했다.

뛰어난 수학자 하디와 뛰어난 수학자가 인정한 천재 라마누잔의 이런 차이는 어디서 왔을까? 유전자? 전혀 다른 두 사람의 가정환경? 교육의 차이? 정답은 알 수 없다. 하디는 라마누잔이 남들처럼 형식적인 교육을 받았다면 이득보다 손실이 더 많았을지도 모른다고 이야기했다.

수학 천재를 다룬 연구를 더 많이 찾아보고 싶었지만, 생각만큼

19장 천재 수학자는 뭐가 다를까?

많지 않았다. 쉽지는 않겠지만, 이런 연구가 더 많아지면 좋겠다. 천재에 관한 연구, 창조성의 근원에 관한 연구는 어려서 천재성을 보이는 아이들을 어떻게 가르쳐야 할지에 관한 실마리를 제공할 수 있다. 그리고 절대 다수에 해당하는 보통 사람이 자신이 지닌 창조성을 최대한 많이 발휘할 수 있게 해 주는 데도 도움이 될 것이다.

쌍둥이로 보는 유전과 환경

20장

내가 평소에 흥미를 느끼는 주제 중 하나가 '유전 대 환경'이다. 어떤 사람이 성장하며 갖는 특성에 유전이나 환경이 얼마나 영향을 끼치느냐는 것이다. 예를 들어, 키는 유전인가, 환경인가? 노력하면 타고난 것보다 더 클 수 있을까? 혹은 성격은 유전인가, 환경인가? 공부는 유전인가, 환경인가?

이것저것 찾아보는 정도까지는 아니지만, 간혹 관련된 논쟁을 접할 때마다 관심 있게 지켜보곤 한다. 때때로 온라인 커뮤니티 같은 곳에서 가끔 벌어지는 댓글 논쟁도 유심히 지켜본다. 직접 참전은 하지 않고 조용히 보기만 하는 편인데, 간혹 아쉬운 모습이 보인다. 논쟁의 구도가 유전 아니면 환경으로 향할 때가 그렇다. 이것 아니면 저것이라니, 세상에 그렇게 단순한 게 얼마나 있을까.

당연한 말이지만, 이건 정확한 결론을 내릴 수 없는 문제다. 둘

중 어느 한쪽만 영향을 끼칠 리는 없다. 상식적으로 생각해도 유전과 환경 모두 영향을 끼칠 것 같다. 그러면 중요한 건 '얼마나'다. 둘이 각각 얼마나 영향을 끼칠까? 예를 들어 유전 90퍼센트에 환경 10퍼센트일 수 있다. 아니면 그 반대일 수도 있다.

유전과 환경의 영향을 정확히 알아내는 건 어렵다. 일단 사람마다 유전자가 제각기 다르다. 만약 내가 다른 환경에서 자랐다면 지금의 나와는 어떻게 달랐을지 생각해 볼 수는 있지만, 그걸 확인해 볼 방도는 없다. 어떤 사람의 클론을 여럿 만들어서 서로 다른 환경에서 키우며 관찰한다면 실마리를 얻을 수 있겠지만, 그런 실험은 아직 불가능하다.

쌍둥이를 보면 안다

한 가지 방법은 쌍둥이를 연구하는 것이다. 일란성 쌍둥이는 유전자가 거의 100퍼센트 똑같다. 모종의 이유로 서로 떨어져 다른 환경에서 자란 일란성 쌍둥이를 연구하면 유전과 환경의 영향이 각각 어느 정도인지를 짐작할 수 있다. 가령 서로 다른 환경에서 자란 일란성 쌍둥이를 조사했는데, 둘의 키가 모두 비슷했다고 하자. 영양 상태나 운동 여부, 수면 패턴처럼 흔히 키에 영향을 끼친다고 생각하는 요소가 모두 다른데도 키는 똑같다면, 키는 유전이 절대적인 영향을 끼친다고 생각할 수 있다.

마찬가지로 수학 학습에 유전과 환경이 각각 얼마나 영향을 끼치는지도 알아볼 수 있을 것이다. 만약 다른 환경에서 자랐는데도 둘 다 수학을 좋아하고 재능이 있거나 둘 다 수학을 싫어하고 못한다면, 유전의 영향이 크다고 짐작할 수 있지 않을까? 쌍둥이 중 한 아이는 수학에 친화적이고 지원을 아낌없이 받는 환경에서 자라고 한 아이는 그렇지 않는 환경에서 자랐는데, 똑같이 수학을 잘한다면 유전의 영향이 크다고 생각할 수 있을 것이다.

그런데 조금 생각해 보면 그렇게 쉬운 문제는 아닐 것 같다. 키는 굳이 대단한 노력을 하지 않아도 크지만, 수학 같은 공부나 운동은 어쨌든 노력을 해야 한다. 아무리 수학에 재능이 있어도 전혀 공부를 하지 않으면 수학을 잘할 수 없다. 어떤 환경에 갖다 놓아도 낭중지추(囊中之錐, '주머니 속 송곳'이라는 뜻으로 뛰어난 사람은 숨어 있어도 저절로 드러나는 법이라는 말이다.)처럼 수학적인 재능을 보여 준다면 모르겠는데, 그런 경우가 흔하지는 않을 것 같다.

서로 다른 환경에서 자란 일란성 쌍둥이가 수학에 똑같은 노력을 기울였는데, 성취에 차이가 난다면 환경의 영향이 얼마나 있는지 알 수 있을까? 그런데 노력을 기울일 수 있게 해 주는 것도 환경이고……. 아아, 골치가 아프다.

수학 불안도 유전된다?

어쨌든 나는 연구자가 아니니 혼자 골머리를 앓는다고 해도 뾰족한 실마리를 얻을 수는 없을 것이다. 그래서 수학 학습에 관한 쌍둥이 연구를 찾아보았다. 아쉽게도 따로 떨어져 다른 환경에서 자란 일란성 쌍둥이의 수학 학습에 관한 연구는 찾기 어려웠다. 아무래도 그런 사례를 많이 찾기는 어려울 것 같다.

보통은 일란성 쌍둥이와 성별이 같은 이란성 쌍둥이를 대상으로 연구한다. 일란성 쌍둥이는 유전자가 거의 100퍼센트 일치하지만, 이란성 쌍둥이는 여느 형제자매와 마찬가지로 50퍼센트만을 공유한다. 쌍둥이 연구는 일란성 쌍둥이와 이란성 쌍둥이를 비교하는 방식으로 이루어진다. 어떤 특성에 대해 일란성 쌍둥이가 이란성 쌍둥이와 비교해 더 비슷한 경향을 보일수록 유전적인 요인이 크다고 여기는 것이다.

검색하다가 찾은 몇 가지 연구 결과를 소개해 본다. 2018년 영국 킹스 칼리지 런던의 연구진은 영국의 쌍둥이 6,000쌍을 대상으로 영어와 수학, 과학의 학업 성취가 얼마나 안정적인지를 연구했다. 그 결과 안정적인 학업 성취도의 약 70퍼센트는 유전적인 요인으로 설명할 수 있었다. 25퍼센트는 쌍둥이가 공유하는 환경(가정, 같은 학교 등), 나머지 5퍼센트는 쌍둥이가 공유하지 않는 환경(다른 교사나 친구 등)으로 설명할 수 있었다. 성적에 차이가 나는 경우는 대개 공유하지 않는 환경 때문이었음으로 설명할 수 있다고 연구진은 밝혔다.

같은 집단에서 표본을 추출한 2004년의 연구에서도 유전자가 학습에 끼치는 영향이 상당하다는 결과가 나왔다. 7세 아동을 대상으로 교사의 평가로 학습 성취도를 측정했는데, 수학의 경우 60퍼센트 이상이 유전이라는 결과가 나왔다. 쌍둥이를 서로 다른 교사가 평가하는 방식으로 조사했더니 수치는 좀 더 낮아졌지만, 그래도 유전이 40퍼센트에 가까웠다.

재미있게도 수학 불안감도 유전자의 영향을 받을 수 있다는 연구도 있었다. 수학을 잘하고 못하는 것과 수학에 불안감을 느끼는 건 또 다른 얘기다. 앞선 연구와 비슷하게 쌍둥이를 대상으로 연구한 결과 수학 불안감에도 유전이 40퍼센트 정도 영향을 끼친다는 내용이었다.

유전 이야기는 조심!

사실 유전에 관해 이야기하는 건 조심스럽다. 아무리 속뜻이 없는 과학 연구라고 해도 어떻게 받아들여질지 알 수 없기 때문이다. 당장 유전이 수학 능력에 큰 영향을 끼친다고 하면, 시도해 보기도 전에 지레 포기해 버리는 사람이 늘어나지 않을까?

연구자야 과학적인 방법론에 따라 몇 퍼센트니 하는 수치를 계산할 수 있겠지만, 사실 우리 같은 일반인에게 그 수치는 큰 의미가 없어 보인다. 수학을 잘하는 데 유전이 70퍼센트면 공부를 안 하고, 40퍼센트면 공부를 할 것도 아니지 않은가. 60퍼센트니 70퍼센트니 하는 수치의 의미도 감이 잘 오지 않는다. 그게 실제 수학 성취에 얼마나 차이를 만들어 낼지 짐작하기 어렵기 때문이다. 환경의 영향이 20~30퍼센트라고 하면 별것 아닌 걸로 보이지만, 결과적으로는 그게 큰 차이를 만들어 낼 수 있는 수준일지 어떻게 알겠는가.

연구자도 우생학적인 이유로 이런 연구를 하는 건 아니다. 수학을 잘하거나 못하거나, 혹은 불안감을 느끼는 데 관여하는 유전적인 요인이 있고 그걸 사전에 알 수 있다면, 일찌감치 개인의 성향에 맞는 맞춤형 교육을 할 수 있다. 누구는 가능성이 있으니 밀어 주고 누구는 애초에 안 되니까 버리고 가자는 게 아니라 모두가 잘 되자는 것이다. 물론 유전자와 인간의 정신적인 능력 사이의 관계에 대해서도 더 많은 사실을 알아낼 수 있을 것이다.

한편으로는 유전자와 수학 능력 같은 지적 능력의 관계가 완전히 밝혀진다면, 어떻게 될까 하는 상상도 하게 된다. SF를 읽고 쓰기도 하는 터라 이런 상상을 종종 하지만, 그다지 장밋빛 풍경이 떠오르지는 않는다. 소설 『멋진 신세계』나 영화 「가타카」처럼 태어날 때부터 계급과 직업이 정해질지도 모른다는 불길한 생각이 들기도 한다. 아마 크리스퍼(CRISPR)와 같은 유전자 가위 기술로 유전자를 편집해 똑똑한 자식을 낳으려고 할 텐데, 당연히 부자일수록 유리할 것이다.

　별로 반갑지는 않은 미래인데, 만약 정말 그렇게 된다면 천재의 위상은 달라질 것 같다. 예측할 수 없는 유전자의 조합 속에서 태어나는 게 아니라 정교한 유전자 조작으로 만들어지는 수학 천재라니 듣기만 해도 빛이 바래는 느낌이다. 대량으로 만들어진 다수의 천재가 인류의 발전에 더 도움은 되겠지만, 별로 내키지 않는 건 그냥 내 생각이 낡았기 때문일까?

우리 아이도 혹시 난산증?

스티븐 스필버그, 톰 크루즈, 우피 골드버그, 톰 홀랜드, 양현석, 김신영……. 이들의 공통점은 무엇일까? 난독증을 겪고 있거나 겪었던 유명인이다. 많이 알려진 이야기라 웬만하면 어디서든 한 번쯤은 들어 보았을 것이다. 덕분에 난독증이라는 질환도 꽤 알려진 편이다.

하지만 글을 잘 읽지 못하는 증상이라고만 어렴풋이 알고 있을 뿐 정확히 어떤 질환인지는 모르는 경우가 많다. 인터넷에서 벌어지는 설전 도중에 상대방에게 난독증이 있냐고 비아냥거리는 것처럼 난독증을 전혀 다른 개념으로 쓰기도 한다.

경계가 모호하지만, 난독증이 있는 사람은 인구의 3퍼센트에서 7퍼센트에 달한다고 한다. 이들은 문자를 읽는 데 어려움을 느낀다. 듣고 말하는 데는 아무 문제가 없지만, 뇌의 처리 방식 때문에 문자 판독이 잘 되지 않을 뿐이다. 난독증이 있는 배우들은 대본을 대신

191

읽어 주는 사람을 고용한다고도 한다. 난독증이 있다고 해서 지능이 떨어지는 건 아니다. 학습에 어려움을 겪을 수는 있지만, 앞에서 든 사례처럼 난독증이 있으면서도 성공한 사례도 많다.

난독증 말고 난산증도 있다

문자 해독이 어려운 장애가 있다면, 수를 다루는 데 어려움을 느끼는 장애도 있을 법하다. 실제로 그렇다. 기본적인 수 개념을 이해하는 게 어려운 사람도 있고, 이런 증상을 계산 장애 또는 난산증(難算症, dyscalculia)이라 부른다. 난산증이 있는 사람도 인구의 3~6퍼센트나 된다. 양으로만 보면 난독증과 별로 다르지 않다. 그런데도 난산증은 난독증과 비교하면 인지도가 떨어진다. 관련 연구도 난독증보다 부족하다.

100명 중에 3~4명의 비율이라고 하면 중·고등학교에서 한 반에 1명씩은 난산증이 있는 셈이다. 그러나 나는 10년 넘게 학교를 다니는 동안 난산증이 있다는 사람을 실제로 본 적이 없다. 난독증이든 난산증이든 문제가 있는 것을 굳이 이야기하고 다니지는 않겠지만, 만약 자신이 난산증인지 모르는 상태에서 계속 교육을 받는다면 문제가 심각하다. 난산증은 평생 삶에 나쁜 영향을 끼치므로 어린 시절에 발견해 치료하는 게 최선이다. 실제로 난산증이 있는 사람은 교육을 제대로 받지 못하고, 성인이 되어서도 좋은 직업을 갖기 어렵다.

　물론 수학 못하는 사람이 다 난산증이 있는 건 아니다. 수학은 분야가 다양하고, 우리는 여러 가지 이유로 수학을 못한다. 단순히 재능이 없는 사람도 있고, 기호가 등장하는 순간부터 막히는 사람도 있고, 계산은 잘해도 도형에는 젬병인 사람도 있을 수 있다. 수학을 싫어하거나 수학을 두려워하는 심리적인 이유일 수도 있다. 난산증을 치료하려면, 먼저 선천적으로 난산증이 있는지를 확인해야 한다.

우리 아이가 난산증인지 어떻게 알까?

　난산증에 관해서는 아직도 연구가 더 필요한 상황으로, 현재로서는 공통적인 몇 가지 증상을 바탕으로 판단한다. 증상은 초등학교에 입학하기 전부터 나타난다. 아날로그 시계를 읽지 못하거나, 두 수 중 어느 것이 큰 수인지 판단하기 어려워한다거나, 5~6개 이하의 점이 모여 있을 때 한눈에 그 개수를 어림하기 어려워한다거나 하는 식이다. 또 양이나 크기를 어림하기 어려워하고 방향 감각이 떨어지는 증상도 있다.

　영국 난산증 협회(Dyscalculia Association)의 홈페이지에는 연령에 따른 난산증 징후를 제시하고 있다. 이를 살펴보면 대략 다음과 같은 경우에는 난산증을 의심할 수 있다.

　　　　　　　　　　　　　21장 우리 아이도 혹시 난산증?

미취학

수 세기를 잘 배우지 못함.

수와 물체의 개수를 잘 연관시키지 못함.

패턴을 잘 인식하지 못함.

초등학교

한 자리 수 덧셈 같은 기초 계산을 잘 하지 못함.

손가락으로 수를 셈.

3 더하기 5와 5 더하기 3이 같다는 사실을 계산하지 않고는 알지 못함.

'~보다 더 크다.', '~보다 더 작다.' 같은 말을 잘 이해하지 못함.

중학교

도표나 그래프의 정보를 잘 이해하지 못함.

같은 문제를 다른 방식으로 푸는 방법을 잘 찾지 못함.

거스름돈 계산 같은 일상적 셈에서 어려움을 느낌.

성인

수를 거꾸로 세는 데 어려움을 느낌.

계산이 느림.

자릿값을 이해하는 데 어려움을 느낌.

예를 들어 난산증이 있는 사람에게 10부터 1까지 거꾸로 세라고 하면, 잘 못 세거나 1부터 10까지 센 뒤 다시 1부터 9까지 세고, 또 1부터 8까지 세는 식으로 하곤 한다. 80부터 10씩 더해 보라고 했을 때는 80, 90, 100, 200, 300, …처럼 나가기도 한다. 방의 높이를 대략 어림해 보라고 했을 때 수십 미터처럼 황당한 수치를 내놓는 사례도 있다. 그 외에도 나이에 맞는 수 인지 능력을 보여 주지 못한다면 난산증을 의심할 수 있다.

다음 숫자도 보자.

$$7 \quad 8 \qquad\qquad 2 \quad 8$$

7과 8 중 큰 수를 찾는 것과 2와 8 중 큰 수를 찾는 것 중 어느 쪽이 더 쉬울까? 보통 사람은 2와 8 중 큰 수를 찾는 문제를 더 쉽게 여기지만, 난산증이 있는 사람은 간격이 작을수록 더 쉽게 여긴다. 직관적인 비교가 되지 않아 두 수 사이의 간격을 세어서 비교해야 하기 때문이다.

21장 우리 아이도 혹시 난산증?

전문가에 의한 빠른 치료가 중요

난산증은 성인이 될 때까지도 이어질 수 있다. 영국의 난산증 연구자인 브라이언 버터워스(Brian Butterworth) 교수는 찰스라는 이름의 난산증이 있는 대학원생에 관한 사연을 소개한 바 있다. 찰스는 문해력이나 추론 능력에는 아무런 문제가 없었지만, 한 자릿수 덧셈을 하려면 손가락을 꼽아야 했다. 두 수를 비교하는 간단한 문제도 손가락으로 두 수를 1부터 꼽아서 세어 본 뒤에야 맞힐 수 있었다. 두 수가 같은지 다른지는 판단하는 데만 보통 사람의 10배의 시간이 걸렸고, 세어 보지 않고서는 점 2개를 2라는 수로 인식하지도 못했다.

성인이 되어서도 산수에 어려움을 겪는다면 생활이 매우 곤란해지므로 난산증은 초기에 치료해야 한다는 의견이 많다. 그러나 난산증의 증상 자체가 다양하고 난독증이나 ADHD와 같은 다른 증상과 함께 나타나는 경우가 많아 표준화된 방법을 만드는 게 쉽지 않다.

2018년 독일 뮌헨 대학교 연구진이 난산증의 진단과 치료에 관한 연구 문헌을 종합해 정리한 논문에 따르면, 개인의 특정한 증상에 따른 맞춤형 교육이 가장 효과가 좋은 것으로 나타났다. 난산증의 징후를 보이는 유아는 가능한 한 빨리 치료를 받아야 나중에 수학을 공부하면서 생길 문제를 예방할 수 있다.

연구진은 적절한 훈련을 받은 전문가가 교육해야 하며, 집단 교육보다는 개인 교육이 더 효과가 크다는 결론을 내렸다. 또 난산증이 있다면 반드시 난독증이나 ADHD 검사를 해 볼 것을 권했다. 그 결과 동반 증상이 있다면, 그에 맞는 교육을 받아 증상을 완화해야 한다. 10대 이상의 청소년과 성인의 난산증 치료에 관해서는 탄탄한 교육 프로그램이 없는 실정도 개선해야 할 문제다.

난산증에 대한 낮은 관심으로 미루어 보면, 상당히 많은 사람이 적절한 치료를 받지 못하고 괴로워하고 있을 가능성이 크다. 치료를 받아야 한다는 사실조차 모르고 있을 수 있다. 수학의 중요성이 어느 때보다도 커진 오늘날 이들을 찾아 적절한 교육을 제공하는 건 꼭 필요한 일이다.

시험 시간이 길면 여자가 유리?

영화 「히든 피겨스(Hidden Figures)」는 1960년대 미국 항공 우주국 (NASA)에서 일했던 흑인 여성 수학자에 관한 실화를 바탕으로 한 이야기다. 캐서린 존슨(Katherine C. G. Johnson), 도로시 본(Dorothy J. Vaughan), 메리 잭슨(Mary W. Jackson) 세 사람은 수학 실력이 뛰어남에도 유색 인종과 여성이라는 이유로 차별을 받았다. 청소부로 오해를 받는가 하면, 공용 커피를 마실 때도 눈치를 봐야 했고, 유색 인종 화장실을 찾아 1킬로미터 가까이 떨어진 다른 건물까지 왔다 갔다하고, 중요한 업무에서는 배제되는 수모를 당했다.

비교적 낮기는 했어도 백인 여성 역시 차별받기는 마찬가지였다. 과학과 기술처럼 객관적일 것 같은 분야에서도 능력 이외의 요소로 차별을 받는 일은 흔했다. 다행히 시간이 흐르면서 차별적인 분위기는 점차 줄어들었고, 뛰어난 업적을 남긴 여성 과학 기술자들이 다시 조명을 받는 일도 늘어나고 있다. 「히든 피겨스」의 주인공 캐서린 존슨은 아폴로 11호의 달 착륙을 위한 계산에도 참여했고, 나중에는 우주 왕복선 계획에도 중요한 기여를 했다. 2016년 NASA는 존슨의 업적을 기려 3,700제곱미터의 건물에 '캐서린 존슨 계산 연구 시설(Katherine G. Johnson Computational Research Facility)'이라는 이름을 붙이기도 했다.

수학, 물리학, 컴퓨터 과학 분야에서 여성은 아직 소수자

그러나 과학 기술계에서 남녀가 완전히 동등해졌냐고 묻는다면, 아직은 "그렇다."라고 대답하지 못할 것 같다. 특히 과학 중에서도 전통적으로 천재의 영역으로 알려진 물리학, 수학에서는 더 그렇다. 노벨 물리학상을 받은 여성 과학자는 100년 이상의 역사 동안 단 4명뿐이다. 마리 퀴리(Marie Curie, 1903년), 마리아 괴퍼트 메이어(Maria Goeppert-Mayer, 1963년), 도나 스트리클런드(Donna Strickland, 2018년), 안드레아 게즈로(Andrea M. Ghez, 2020년)이다.

4년마다 수여하는 수학계의 권위 있는 상인 필즈 상은 1936년부터 시상했지만, 2014년에야 처음으로 여성 수상자가 나왔다. 필즈 상은 만 40세 이하의 젊은 수학자에게 주는 상으로, 생애의 업적을 바탕으로 주는 노벨상보다는 더 최근의 성과를 반영한다. 그런데도 여성 수학자가 상을 받기 시작한 게 고작 몇 년 전이다. (2022년에도 여성 수상자가 나왔다.)

물론 이 분야에 남성 종사자가 많으니 자연히 뛰어난 성과로 상을 받는 연구자도 남성이 많을 거라고 이야기할 수 있다. 현상만 놓고 보면 맞는 말이다. 과거는 물론 지금도 물리학계나 수학계에는 남성 연구자가 더 많다. 2017년 미국 국립 과학 재단(NSF)이 발표한 「과학 기술에서 여성, 소수자, 장애인(Women, Minorities, and Persons with Disabilities in Science and Engineering)」라는 보고서에 따르면, 미국에서 물리학으로 학사, 석사, 박사 학위를 받는 여성의 비율은 2014년 기준으로 20퍼센트 내외다. 1990년대와 비교해 늘어난 수치지만, 여전히 낮다. 수학과 밀접한 관련이 있는 컴퓨터 과학도 비슷한 수준이다. 수학과 통계학은 학사와 석사 학위를 받는 여성의 비율이 40퍼센트 정도로 높지만, 박사 학위에 이르면 29퍼센트로 떨어졌다.

여학생 드문 국제 수학 올림피아드

좀 더 최근은 달라졌을까? 국제 수학 올림피아드(IMO)를 보자. IMO 참가 학생은 계속 수학 전공을 선택해 수학자로 성장하는 경우가 많다. 최초의 여성 필즈 상 수상자인 마리암 미르자하니(Maryam Mirzakhani)도 IMO 출신이고, 현존 최고의 수학자로 불리는 테렌스 타오, 은둔의 수학자로 유명한 그리고리 페렐만도 IMO 출신이다. 이 IMO에 각국 대표로 출전하는 학생 대다수는 남학생이다. 지난 10여 년 동안 IMO에 참가한 여학생은 전체의 10퍼센트 내외에 불과하다. 밀레니엄 세대에 이르면 다를까 싶었지만, 여전히 비대칭적인 모습을 보이고 있다.

남녀의 수학 능력에 차이가 있다는 통념은 오래전부터 있었다. 이에 관해 지금까지 다양한 연구가 나왔다. 직업 선택에 있어서 남녀의 가치관 차이, 사회적인 선입견, 공간 지각 능력의 차이, 교사와 학부모의 태도와 기대 등 여러 가지 요소가 관여한다는 이야기가 있고, 이런 요소는 당연히 복합적으로 영향을 끼치기 때문에 쉽사리 결론을 내기 어렵다.

실제로 차이가 있긴 한 걸까? 최근 연구를 보면 평균적으로 남학생과 여학생의 수학 성적 격차는 작거나 없는 것으로 드러나고 있다. 사실 어떻게 평가하는지에 따라 결과가 조금씩 달라진다. 예를 들어, 전체 평균은 같아도 상위권으로 갈수록 남녀 격차가 늘어날 수 있다. 시험 내용이 학교에서 배운 내용과 관련이 클수록 성별 격차가 줄어드는 경향도 있다. 또 여학생보다는 남학생의 성적 차이(상위권과 하위권의 차이)가 약간 더 크게 나타나기도 한다.

긴 시험은 여성에 유리

최근에도 재미있는 연구가 하나 나왔다. 2019년 9월 3일 스페인 발레아레스 제도 대학교와 네덜란드 에라스무스 대학교 공동 연구진은 시험 시간에 따라 남학생과 여학생의 성취가 달라진다는 내용의 논문을 《네이처 커뮤니케이션스(*Nature Communications*)》에 발표했다.

이들은 국제 학생 평가 프로그램(PISA)의 평가 결과를 바탕으로 이런 결론을 끌어냈다. PISA는 2000년부터 3년에 한 번씩 이루어지는데, 15세 학생을 대상으로 읽기, 수학, 과학 세 분야의 능력을 시험한다. 지금까지의 결과를 보면 읽기에서는 여학생이 더 높은 점수를, 수학과 과학에서는 남학생이 더 높은 점수를 받아 왔다. 2015년에는 처음으로 여학생이 모든 분야에서 남학생을 앞질렀다.

연구진은 2006년부터 2015년까지의 결과를 분석했다. 아무래도 시험을 보다 보면 시간이 흐를수록 집중력이 떨어지게 마련이다. 시험 시간이 흐를수록 정답률이 어떻게 변하는지를 조사하니 뒤에 있는 문제일수록 남녀 모두 정답률이 떨어졌다. 뒤쪽으로 갈수록 어려운 문제가 나왔기 때문도 아니었다. 그리고 남녀를 비교하면 시간이 흐를수록 남학생의 정답률이 더 많이 떨어졌다. 시간대별로 비교하면 수학도 시험 초기에는 남학생의 성과가 뛰어났지만, 뒤로 갈수록 거의 똑같아졌다.

시간이 다양한 여러 시험을 비교한 결과도 비슷한 경향을 보였다. 시험 시간이 길수록 수학, 과학 분야에서 남녀의 격차가 줄어들었다. 연구진은 여학생이 남학생보다 더 오랜 시간 동안 집중력을 유지할 수 있기 때문이라고 추측했다. 이는 수학과 과학뿐만 아니라 원래 여학생이 잘 치렀던 읽기 시험에서도 마찬가지였다. 정도의 차이는 있지만, 여학생이 남학생보다 규율이 더 잘 잡혀 있고 얌전하며 자만심이 덜하고 배움에 진지한 태도를 보인다는 기존 연구는 이 결과를 뒷받침하는 것처럼 보인다.

많은 문제를 빨리 풀어내야 하는 시험과 달리 실제 수학 연구에서는 한 문제라도 꾸준히 생각하고 오랫동안 집중해서 푸는 능력이 필요하다. 그렇다면 오랫동안 집중력을 발휘할 수 있는 여성이 오히려 수학에 더 적합할지도 모른다. 이런 연구는 앞으로 자라나는 학생들을 어떻게 평가해야 할 것인지에 관한 실마리가 될 수 있다. 어떤 방식으로 평가하느냐에 따라 묻힐 수 있는 재능을 살릴 수도 있는 일이다.

다양한 평가 방식에 관한 고민이 필요

남성과 여성의 수학적 사고력에 본질적인 차이가 있는지는 알아내기 어렵다. 솔직히 궁금하기는 하다. 수학자를 지망하는 남녀

학생의 수가 같다면 이들이 성인이 됐을 때 그 답을 알 수 있을까? 하지만 IMO 참가 학생의 성비를 보면 앞으로 10~20년 안에 알아내기는 어려울 듯하다. 설령 같은 수가 수학 전공을 택한다고 해도 문제는 남는다. 보이지 않는 차별, 경력 단절 등으로 여성이 불이익을 겪을 수 있으니 순수한 능력을 평가하기는 요원하다.

근본 원인을 알아내려면 외적인 요소가 모두 사라져야 한다. 수학은 남성의 영역이라는 선입견도 사라지고, 직업 선택에 성별이 어떤 고려 대상도 되지 않아야 하며, 여성이 임신과 출산으로 뒤처지는 일이 없는 세상이 오면 그제야 남녀의 두뇌에 어떤 차이가 있는지 알아볼 수 있지 않을까? 지금 당장은 선천적인 능력을 판단하기에 너무 많은 요소가 관여하고 있다.

수학 능력의 남녀 차이를 연구하는 학자들은 평균적으로 여학생과 남학생의 차이가 거의 없어졌다는 사실을 강조해야 한다고 말한다. 사회에 아직 남아 있는 편견을 없애기 위해서다. 또 시험 시간을 늘릴수록 여학생에게 유리하다는 연구에서 실마리를 얻을 수 있듯이 다양한 평가 방식을 도입하면 그동안 묻혔던 여러 재능을 건져낼 수 있을 것이다. 수학적 능력이라는 것도 어느 한 가지 특징으로 정의할 수 있는 개념은 아닐 것이다. 그러면 성별에 따라 어느 한쪽이 우월하고 열등한 게 아니라 성별과 무관하게 각자 다양한 수학적 능력을 지녔다는 이야기가 될 수 있지 않을까?

22장 시험 시간이 길면 여자가 유리?

배운 대로 푸는 여학생, 멋대로 푸는 남학생

23장

성별의 차이에 관한 이야기를 좀 더 해 보자. 언젠가 한 미국 코미디언이 이렇게 말하는 것을 본 적이 있다.

"아들은 집을 파괴하고, 딸은 마음을 파괴한다."

딸을 키워 본 적은 없어서 뭐라고 말을 보태기는 어렵지만, 아들과 딸을 기르는 게 사뭇 다르다는 이야기는 주위에서 흔히 듣는다. 당장 이 글을 쓰기 며칠 전만 해도 유치원생 아들과 딸을 둔 아빠에게서 딸이 더 힘들다는 이야기를 들었다. 아들보다 감정의 기복이 심해 어렵다는 것이다.

물론 이게 곧바로 남녀가 태생적으로 다르다는 이야기가 되는건 아니다. 사람은 태어나는 순간부터 문화와 부모의 양육 태도에 영향을 받을 수밖에 없다. 현실에서 남녀가 서로 다른 경향성을 보인다고 해도 그건 자라면서 받은 영향 때문일 수 있다. 남자가 이런저런 말썽을 피우는 등 더 천방지축으로, 좋게 말해서 자유분방하게 행동하는 게 부모가 아들을 딸보다 더 자유롭게 풀어놓고 키워서라고 주장하기도 한다.

성별이 수학 학습에 끼치는 영향

선천적이든 후천적이든 남자아이와 여자아이 사이에 성격의 차이가 있다면, 그 차이가 수학 학습에도 영향을 끼치지 않을까? 시험 시간이 길수록 여학생에게 유리하다는 내용을 소개하면서 언급했듯이, 보편적으로 학습에 있어서 여학생은 남학생보다 규율이 더 잘 잡혀 있고 자만심이 덜하며 배움에 진지한 태도를 보인다고 한다.

그런데 이런 특성이 수학 학습에 유리한지는 생각해 봐야 할 여지가 있다. 몇몇 연구를 찾아보니 여학생이 남학생보다 더 기계적인 방법, 정형화된 전략으로 문제를 푸는 경향이 있다. 이와 비교해 남학생은 좀 더 독립적인 전략, 배우지 않은 방식을 사용하려 한다. 남학생이 여학생보다 배운 대로 하지 않고 제멋대로 하는 경향이 있다는 것이다.

1998년 학술지《에듀케이셔널 리서처(*Educational Researcher*)》에 실린 한 논문을 살펴보자. 논문은 초등학교 저학년 아이들을 대상으로 실험한 결과 덧셈과 뺄셈을 배울 때 남녀가 쓰는 전략에 차이가 있다는 내용을 담고 있다.

예전에 천재 수학자 테렌스 타오가 만 2세에 사칙 연산을 뗐다는 이야기를 듣고 혹시나 해서 유치원생 아들에게 산수를 가르쳐 본 적이 있다. 물론 얼마 지나지 않아 내 아들은 테렌스 타오가 아니라는 사실을 알게 되었다. 한 자릿수 덧셈은 곧잘 따라 했지만, 7 더하기 8처럼 자릿수를 넘어가는 덧셈은 눈에 띄게 어려워했다. 손가락으로 셀 수 있는 10을 넘어가자 어떻게 해야 할지 몰라 당황하는 게 보였다.

연구진은 초등학교 1~3학년 학생에게 두 자릿수 덧셈과 뺄셈을 시키고 어떻게 푸는지를 관찰했다. 예를 들어 28 더하기 34를 한다고 해 보자. 전형적인 덧셈 방법은 다음과 같다.

$$
\begin{array}{r}
28 \\
+34 \\
\hline
12 \\
5 \\
\hline
62.
\end{array}
$$

1의 자리, 10의 자리가 나란히 오도록 배치한 뒤 같은 열에 있는 수끼리 더하는 식으로 푼다. 연구진은 이런 전통적이고 정형화된 풀이 방식을 "표준 알고리듬"이라고 불렀다.

23장 배운 대로 푸는 여학생, 멋대로 푸는 남학생

그러나 실제로 학생들은 여러 가지 방식으로 푼다. 가장 흔한 방식으로는 다음 세 가지가 있다.

1. $20+30=50. 50+8=58. 58+4=62.$
2. $20+30=50. 8+4=12. 50+12=62.$
3. $28+34=30+32. 30+32=62.$

연구진은 이런 방법을 "발명한 알고리듬"이라고 부르며, 자릿수 개념을 이해하고 있어야 가능한 방법이라고 평가했다. 이런 방식을 생각해 내려고 노력할수록 훗날 더 복잡한 개념을 이해하는 데 도움이 된다.

실험에서 연구진이 학생들에게 제시한 문제는 크게 네 종류였다. 첫 번째는 숫자로 나타낸 덧셈과 뺄셈, 두 번째는 문장제 문제로 나타낸 덧셈과 뺄셈, 세 번째는 여러 단계로 이루어진 문제다. 마지막 네 번째는 세 자릿수 덧셈과 뺄셈을 다룬 '확장 문제'였는데, 표준 알고리듬을 사용하기 어렵게 연필과 종이를 쓰지 못하게 했다.

학생들을 관찰한 결과 1~3학년 내내 여학생과 비교해 남학생이 발명한 알고리듬 같은 추상적인 전략을 더 많이 쓰는 경향이 있었다. 3학년 말에 이르렀을 때는 남학생의 95퍼센트와 여학생의 79퍼센트가 발명한 알고리듬을 사용했다. 뺄셈 문제를 풀 때는 이 차이가 훨씬 더 컸다. 이 경향이 단순한 덧셈과 뺄셈, 여러 단계로 이루어진 문제 풀이에서는 큰 차이를 만들지 않았다. 1~3학년 내내 이런 문제의 정답을 맞히는 데는 남녀의 차이가 없었다.

그런데 3학년이 되자 남학생이 가장 어려운 확장 문제를 여학생보다 더 잘 풀기 시작했다. 발명한 알고리듬을 사용하는 학생들끼리만 비교하면 확장 문제의 정답을 맞히는 데는 남녀의 차이가 없었다. 연구진은 1~2학년 때 남녀를 막론하고 추상적인 전략을 시도하는 습관이 3학년 때 사고의 유연함이 필요한 확장 문제를 푸는 데 긍정적인 영향을 끼치는 것으로 보인다는 결론을 내렸다.

무모하지만 독창적인 문제 풀이가 수학 실력을 키운다

이후로도 이와 비슷한 연구는 계속 나오고 있다. 2012년 《실험 아동 심리학 저널(*Journal of Experimental Child Psychology*)》에 실린 미국 미주리 대학교 연구진의 논문은 200여 명의 초등학생을 6년 동안 관찰한 결과 덧셈을 할 때 남학생과 여학생이 서로 다른 전략을 택하는 경향이 있다는 내용을 다뤘다.

7 더하기 8 같은 문제를 풀 때 여러 가지 방법을 쓸 수 있는데, 가장 단순한 방법이 손가락이나 물체를 이용해 처음부터 수를 세는 것이다. 혹은 7이나 8 중 하나를 출발점으로 삼아 나머지를 세어서 더할 수 있다. 또 다른 방법으로는 유추가 있다. 이미 알고 있는 답을 이

용하는 방식이다. 예를 들어, 7 더하기 7은 14라는 사실을 이미 알고 있으므로 그로부터 7 더하기 8이 15임을 끌어내는 것이다. 혹은 7 더하기 3이 10이라는 사실을 바탕으로 10에 남은 5를 더해서 15를 구할 수도 있다.

연구진의 관찰에 따르면, 1학년 때부터 남학생이 여학생보다 유추하는 방식을 선호하는 경향이 컸다. 정확도는 남학생과 여학생의 차이가 거의 없었다. 2학년이 되자 남학생은 여전히 유추하는 방식을, 여학생은 수를 세는 방식을 선호했다. 이 시기에는 여학생이 남학생보다 정답을 더 잘 맞혔다. 그래도 남학생은 여전히 유추 방식을 선호했고, 이런 경향은 6년 내내 이어졌다. 그리고 6학년이 되었을 때는 남학생이 여학생보다 더 뛰어난 성취를 보였다. 초기에는 무리한 시도로 인해 정답률이 떨어졌지만, 그런 시도가 장기적으로는 유리하게 작용했을 수 있다는 뜻이다.

2019년 《에듀케이셔널 사이콜로지(Educational Psychology)》에 실린 덴마크 오르후스 대학교 연구진의 논문도 비슷한 결과를 담고 있다. 각각 덴마크의 초등학생을 대상으로 이루어진 덧셈 전략을 관찰하자 남학생은 유추하는 방식을 많이 썼고, 여학생은 수를 세는 방식을 많이 썼다. 연구진은 이런 경향이 덴마크의 초등학교에서 보편적으로 보이는 현상일 가능성이 있다고 밝혔다.

핵심은 남녀 차이가 아니라, 전략 차이

아직 이런 연구로부터 어떤 결론을 내릴 수는 없다. 일단 수학 문제 풀이 전략에 관한 모든 연구에서 남녀의 차이가 나오는 건 아니다. 서구 몇몇 나라에서는 남녀가 수학 문제에 다르게 접근한다는 결과가 나왔지만, 그런 차이를 찾지 못한 연구도 있다. 서로 다른 교육 환경과 문화가 영향을 끼칠 수도 있다는 소리다.

그래도 남녀가 수학 문제에 다른 방식으로 접근한다는 연구가 꾸준히 나오고 있는 상황에서 이를 무시할 수는 없다. 현실에서 여학생이 남학생보다 학교에서 배운 풀이 방법만 고수하고 새로운 시도를 적게 한다면, 새로운 문제를 마주했을 때 더 어려움을 겪을 것이다. 수학은 창의력이 중요한 분야다. 물론 앞의 연구에서 다룬 덧셈, 뺄셈 문제에 쓰는 추상적인 전략이 전반적인 수학 능력과 어떤 관련이 있는지도 아직은 미지수이므로 더 알아볼 필요가 있다.

이런 현상의 원인으로는 몇 가지 가설이 있다. 예를 들어 여학생이 남학생보다 완벽주의자 성향이 있다는 이야기가 있다. 틀리기 싫기 때문에 시간이 더 걸리더라도 확실한 방법을 택한다는 것이다. 반면, 남학생은 경쟁심이 강해서 다른 아이보다 더 빨리 답을 내려고 한다. 저학년 때는 답이 많이 틀리지만, 시간이 흐르면서 훈련이 되기 때문에 나중에는 유리해질 수 있다.

예전에 바둑 학원을 운영하는 분에게서 비슷한 맥락의 이야기를 들은 적이 있다.

"남자애들은 시합 붙이기가 쉬워요. 2명에게 각각 가서 '쟤가 너쯤은 쉽게 이긴다던데?'라고 말하기만 하면 발끈해서 서로 치열하게 바둑을 둬요. 그런데 여자애들은 둘이 붙여 놓아도 금방 친해져서 수다 떨면서 즐겁게 놀아요."

만약 남녀의 성향에 분명한 차이가 있다면, 교육으로 해소할 수 있을 것이다. 첫 번째 연구에서 남학생처럼 추상적인 전략을 쓰는 여학생의 성취는 남학생과 차이가 없었다. 그 연구가 옳다면 차이를 만들어 낸 건 지능 같은 능력이 아니라 전략을 택하는 성향이었다. 그렇다면 성급하고 무모하기만 한 남학생에게는 침착함과 끈기를 가르치고, 성실하지만 판에 박힌 대로만 푸는 여학생에게는 대담한 시도를 권장하면 최선의 결과를 끌어낼 수 있지 않을까?

부모는 자녀의 수학 공부에 도움이 될까?

교사는 아니지만 어쩌다 보니 수학을 가르치는 경험을 조금 했다. 대단히 특이한 경험은 아니다. 대학생 때 과외 아르바이트로 고등학생에게 수학을 가르쳤다. 나뿐만 아니라 주변에서 많이들 했던 일이다. 교수법 같은 건 배워 본 적이 없으니 체계적으로 가르쳤다고 할 수는 없고, 고등학교를 졸업한 지 얼마 되지 않았던 시기라 아직 잊지 않고 있던 공부 요령을 알려 주었다는 게 옳을 것이다. 그러다가 지금은 아예 전문 강사가 되어 활동하는 친구도 있지만.

고등학교 수학을 다 잊은 지금은 하려고 해도 할 수 없는 일이 되었고, 지금은 초등학생인 아들의 수학 공부를 종종 봐 준다. 고등학교 수학과는 비교도 할 수 없을 정도로 쉬운 내용이지만, 가르치는 게 쉽지는 않다. 수 세기, 자릿값, 덧셈, 뺄셈 같은 것을 가르치는데, 말도 잘 안 들을뿐더러 아이의 눈높이에 맞춰서 설명하는 게 어렵다.

내가 당연하게 여기는 개념이 아이에게는 생소하다는 사실은 잊고, 이 쉬운 것을 왜 못 하나 싶어서 답답할 때가 한두 번이 아니다. 그러다 문득 학교에 가면 어련히 교육 전문가가 알아서 가르쳐 줄 텐데 내가 왜 벌써 이 고생을 하고 있나 싶다. 이러다가 나도 텔레비전 같은 데서 볼 수 있는 극성 학부모가 되는 게 아닐까 하는 생각도 든다.

자식에게 아무리 잘해 줘도 소용없다?

극성 학부모까지는 아니라도 자녀가 수학을 잘하기를 바라는 마음은 어떤 부모라도 마찬가지일 것이다. 예전부터 입시에 중요한 주요 과목이었고, 요즘에는 수학을 잘해야 미래에 좋은 직업을 가질 수 있다는 말이 여기저기서 들리니 신경을 쓰지 않을 수가 없다. 그런데 어떻게 해야 자녀가 수학을 잘하게 할 수 있을까? 아직 입시를 치르려면 한참 먼 아이를 두고 이런 생각을 하다가 한 외신 기사 하나가 눈에 띄었다. 제목은 "학위가 있는 부모의 자녀가 수학에 많이 유리하다"였다.

제목을 본 순간 예전에 읽었던 『괴짜 경제학(Freakonomics)』이라는 책의 내용이 떠올랐다. 여러 가지 사회 현상을 통계학적으로 분석해 통념을 깨는 내용을 담고 있어, 출간 당시에 꽤 화제가 됐던 책으로 기억한다. 여기서 떠오른 건 "부모가 아이에게 끼치는 영향력"

에 관한 내용이었다.

요는 이랬다. 여러 가지 요소와 자녀의 학교 성적 사이의 상관 관계를 짚어 보았는데, 통념과 달리 부모가 자녀에게 해 주는 일은 성적과 별로 상관 관계가 없었다. 자녀를 학원에 보내 주고, 환경이 좋은 곳에서 살게 해 주고, 어딘가를 데려가는 등의 행위는 성적과 별 상관이 없었다는 것이다.

그렇다면 무엇이 상관 관계를 보였을까? 부모의 교육 수준, 사회 경제적 지위, 집에 있는 책의 수 등이었다. 즉 부모가 어떤 사람인지를 보여 주는 요소다. 이에 따르면 자녀의 성적에 중요한 건 부모가 무엇을 해 주느냐가 아니라 부모가 어떤 사람이냐는 것이다.

고학력 부모의 자녀가 수학을 잘한다

관심이 가서 기사에 달린 링크를 따라 논문을 찾아서 읽어 보았다. 영국 서섹스 대학교에서 진행한 것으로, 원래는 초등학교에서 중학교로 진학하는 시기를 포함해 불안감이나 작업 기억 능력 같은 요인으로 향후 수학 성취를 미리 가늠할 수 있는지를 조사하는 연구였다. 그러면서 동시에 사회 경제적 지위, IQ, 성별, 부모의 교육 수준 같은 다른 잠재적인 요인도 함께 조사했다.

그 결과 가장 큰 관계가 있는 것으로 꼽힌 게 부모의 교육 수준이었다. 부모의 교육 수준이 높으면 자녀가 수학을 더 잘했고, 수학 실력도 더 빨리 늘었다. 논문에서는 중학교를 졸업한 부모의 자녀와 비교했을 때 학위를 가진 부모의 자녀가 11세일 때 거의 1년 정도 앞서 나간다는 결과를 얻었다. 『괴짜 경제학』에서 이야기한 것과 상통하는 내용으로 보인다.

　부모의 학력과 자녀의 수학 성취의 관계를 다룬 연구를 좀 더 찾아보았더니 몇 개 더 나왔다. 2016년에 한 학회에서 발표된 논문은 국제 학업 성취도 평가에서 터키가 2009년에 거둔 결과를 분석해 학생의 성별과 부모의 학력, 사회 경제적 지위가 수학 성취도에 끼치는 영향을 알아보았다. 그 결과 역시 부모가 고학력일수록 자녀의 수학 성취도가 높았다. 특히 학위가 있는 최상위 학력을 가진 부모의 자녀와 중학교 이하의 학력을 가진 부모의 자녀 사이에서 격차가 많이 보였다.

　2011년 학술지 《아카데믹 리더십(Academic Leadership)》에 실린 논문도 비슷한 내용을 담고 있다. 미국에서 이루어진 이 연구는 부모의 학력이 학생의 수학 성취에 끼치는 영향과 부모의 영향을 줄이며 학교 단위의 수학 성취를 높여 주는 학교 내 요인을 찾아보았다.

　결과를 보니 역시 부모의 학력은 학생의 수학 성취와 큰 상관 관계가 있었다. 학교 내 요인도 학교 단위의 수학 성취와 긍정적인 관련이 있었다. 학교 분위기에 대한 교장의 인지, 출석률이 긍정적인 연관성을 보였다. 하지만 수학 교육에 필요한 자원은 성취도와 별다른 상관 관계를 보이지 않았다.

여기서 중요한 건 학교 단위의 수학 성취 수준과 상관 관계를 보인 학교 내 요인 중 어떤 것도 부모 학력이 학생의 수학 성취에 끼친 효과를 상쇄하지 못했다는 점이다. 학교 전체의 수학 성취를 끌어올리는 학교 내 요인은 있지만, 그 학교 안에서도 학생 개개인의 성취는 여전히 부모의 학력과 관련이 있다고 해석할 수 있다. 그래서 이 논문은 제목부터가 조금 도발적으로, "학생의 수학 성취에 있어 학부모의 학력: 학교 요인은 중요한가?"다.

고학력 부모는 뭐가 다를까?

사실 부모의 학력과 자녀의 학업 성취도 사이에 연관이 있다는 게 뜻밖의 이야기는 아니다. 전문직이 많이 사는 서울 강남의 아이들이 명문대에 많이 진학한다는 뉴스부터 석박사 학부모가 우글거리는 대덕 연구 단지 근처 학교 학생들이 공부를 잘한다는 '카더라'에 이르기까지 그런 생각을 하게끔 만드는 이야기는 살면서 많이 듣는다. 설령 그런 이야기를 듣지 못했다고 해도 "콩 심은 데 콩 나고, 팥 심은 데 팥 난다."는 속담까지 있는 정도니 많은 사람이 으레 그렇겠거니 생각할 가능성이 크다.

중요한 건 여기서부터다. 일단 앞에서 소개한 논문에서 다룬 내용은 어디까지나 상관 관계다. 부모의 학력이 높으면 자녀의 수학 성취도가 높은 경향은 있지만, 부모의 학력이 높기 때문에 자녀가 수학을 잘한다고 생각하기는 이르다는 것이다. 게다가 자녀의 수학 성취도에 영향을 끼치는 요소는 그것 하나만이 아니라 수도 없이 많다.

그렇다면 학력이 높은 부모의 어떤 점이 자녀가 수학을 잘하게 만드는 것일까? 쉽게 생각할 수 있는 건 좋은 주변 환경이다. 부모의 학력이 높으면 좋은 직업을 갖고 있을 가능성이 크고, 환경이 좋은 동네에 살 가능성이 크며 자녀를 좋은 학교에 보낼 가능성이 크다. 부모의 사회 경제적 지위 역시 자녀의 수학 성취와 관련이 있는 것으로 꾸준히 지목받아 온 요인이다.

또 학력이 높은 부모는 경제적인 여유가 있어 자녀의 수학 교육에 더 많은 관심을 쏟을 수도 있다. 숙제 검사나 좋은 교재를 찾아 주기, 아이가 어떻게 공부를 하고 있는지 관찰하기와 같은 일에는 시간이 든다. 자녀에 대한 높은 기대치도 영향을 끼칠 수 있다. 그리고 집안에 공부하는 분위기가 배어 있다면 자녀도 어린 시절부터 자연스럽게 영향을 받을 수 있다. 스스로 공부하는 모습을 보이는 부모는 자녀의 좋은 본보기가 된다. 2011년 발표된 한 국내 논문에는 아버지의 학력이 어머니의 학력보다 자녀의 수학 성취도에 더 많은 영향을 끼친다는 내용도 있다. 저자들은 "교육 수준이 높은 아버지일수록 교육의 가치를 중시하고 가족 내 학습 분위기 형성을 지원하는 경향이 강하며, 자녀에 대한 교육적 기대가 높고, 학업에 대한 관심과 지원이 크기 때문"이라고 추측했다.

유전자는 얼마나 중요할까?

그런데 첫 번째 논문에서는 재미있는 점이 하나 있었다. 통념과 다르게 여기서는 부모의 사회 경제적 지위가 수학 성취에 별 영향을 끼치지 않았다는 결과가 나왔다. 그러면서 저자들은 유전적인 요인을 한 가지 가능성으로 꼽았다. 학력이 높은 부모는 자신의 기질에 따라 자녀에게 더 자극이 되는 환경을 제공하면서 동시에 자녀에게 그런 환경에서 더 많은 성취를 할 수 있는 기질을 물려줄 수 있다는 가정이다.

유전자에까지 생각이 이르면, 과연 부모는 무엇을 할 수 있나 싶기도 하다. 내 자녀가 수학 공부를 얼마나 잘하게 될지가 태어나기도 전에 정해져 버렸을지도 모르는 일이니 말이다. 그렇다고 해서 팔자려니 하고 가만히 있을 수는 없는 노릇이다. 이런 연구는 제각기 한계를 갖고 있어서 아직은 누구도 정답을 안다고는 하기 어렵다.

유전자까지는 어떻게 할 수 없다고 해도 할 수 있는 일을 찾아서 하면 조금이라도 도움이 되기를 기대해 보자. 어떤 연구에서는 부모가 자녀와 문화 생활을 더 많이 함께 할수록 수학 성취도가 높다는 점이 드러나기도 했다. 이런 정도의 노력은 할 수 있지 않을까? 아무리 부모가 해 주는 일의 영향력이 생각만큼 크지 않다고 해도 하나라도 더 해 주고 싶은 부모 마음은 달라지지 않을 것 같다.

음악은 수학 공부에 도움이 될까?

25장

살면서 후회하는 일 중 하나가 악기 하나 정도 배워 두지 않았다는 것이다. 지금도 배우려면야 배울 수 있겠지만, 이제는 손이 굳어서 모든 게 어렸을 때만큼 빨리 몸에 익지 않는다. 피아노 학원에 다니는 아들 녀석이 하루가 다르게 실력이 좋아지는 모습을 보니 역시 어렸을 때 배웠어야 했다는 생각만 커진다.

악기를 못 다룬다고 사는 데 큰 지장이 있는 건 아니다. 그냥 즐길 수 있는 취미가 하나쯤 더 늘어난다는 건데, 솔직히 젊었을 때는 기타라도 쳤으면 이성에게 좀 더 매력적으로 보일 수 있었을지 모른다는 얄팍한 속셈도 있긴 했다. 그 외에 좋은 게 또 뭐가 있을까? 혹시 공부에 도움이 됐을까?

천재 수학자인 동시에 음악가!

음악은 듣는 사람의 마음을 휘저어 놓는 힘이 있다. 빠르고 경쾌한 음악을 들으면 신이 나다가도 조용하고 느릿한 음악을 들으면 어느덧 마음이 가라앉는다. 과학이 지금처럼 발달하지 않은 과거에는 충분히 마술적인 효과를 냈으리라는 생각은 충분히 해 볼 수 있다.

아마도 예전에 한참 관심을 끌었던 '모차르트 효과'가 이런 경험에서 나왔을 것이다. 모차르트 효과란 모차르트의 음악을 들으면 단기적으로 정신적 능력을 높일 수 있다는 이론이다. 1990년대에 등장해서 '모차르트의 음악을 들으면 똑똑해진다.'라는 형태로 한동안 대중 사이에 널리 퍼졌다. 자녀 교육열이 높은 우리나라에서 이런 이야기를 흘려들었을 리가. 여기저기서 모차르트 효과를 주장하는 클래식 음반 같은 게 많이 나왔던 기억이 난다.

모차르트 효과는 끝내 검증되지 않았다. 들어서 나쁠 것이야 없겠지만, 여러 실험 결과 사람들이 원하던 지능 향상 효과는 뚜렷이 나타나지 않았다. 그렇지만 음악이 학습에 전혀 영향을 끼치지 않는다고 하기도 뭣하다. 특히 수학은 음악과 연관성이 많다는 사실이 잘 알려져 있어 이런 이야기를 할 때는 단골로 등장한다. 단순히 음악을 들어서 똑똑해진다는 데서 나아가 음악 공부가 수학 공부에 도움이 된다는 이야기다. 수학 공부에 관한 자료를 찾다 보면 이런 주장을 곧잘 접할 수 있다.

몇 년 전에 텔레비전 프로그램「영재 발굴단」에서도 이런 내용을 다룬 적이 있다. 음악과 수학이 밀접한 관련이 있다는 사실을 바탕으로 음악과 수학 양쪽에서 재능을 보이는 학생들을 소개했다. 스물여섯에 하버드 대학교의 종신 재직권을 딴 천재 수학자이며 음악가로도 활동하는 수학자 놈 엘키스(Noam Elkies) 교수의 사례도 들었다.

그리고 이를 뒷받침하는 연구로 미국의 한 대학교에서 한 실험을 소개했다. 초등학생을 두 그룹으로 나눈 뒤 한 그룹은 주 2회 피아노 수업을 받게 하고 다른 그룹은 받지 않게 한 뒤 수학 성취도를 측정한 연구였다. 4개월 뒤 시험을 보자 피아노 수업을 받은 그룹이 더 많은 문제를 풀 수 있었다는 내용이었다.

음악, 수학에 도움이 된다는 거야, 아니야?

방송이 나간 뒤 피아노 학원 등록이 얼마나 늘었을지는 모르겠다. 그리고 만약 수학 공부에 도움이 될지도 모른다는 생각으로 피아노를 배운 학생들이 있다면, 얼마나 효과를 봤을지도 알 수 없다. 과연 방송 프로그램에서 암시했던 것처럼 음악 공부가 수학 공부에 도움이 되는지 좀 더 알아보기 위해 관련 연구를 찾아보았다. 많은 논문을 찾을 수 있었는데, 일단 2000년에 나온 한 리뷰 논문을 살펴보았다.

1998년 이전에 이 주제를 다룬 논문을 찾아서 그 결과를 종합해 분석했는데, 여기서 확인하고자 했던 문제는 세 가지였다. 첫째, 자발적으로 음악을 공부한 학생이 그렇지 않은 학생보다 수학 성취도가 높을까? 둘째, (자발적이지 않아도) 음악 수업을 들은 학생이 그렇지 않은 학생보다 수학 성취도가 높을까? 셋째, 마음을 차분하게 해 주는 음악을 들으면서 수학 문제를 풀면 문제 풀이 능력이 높아질까?

첫 번째 의문에 대한 답은 '그렇다.'였다. 이 논문의 분석에 따르면, 음악 공부는 수학 성취도와 관련이 있었다. 두 번째 의문에 대한 답도 '그렇다.'였지만, 분석 대상이 된 논문의 수가 많지 않아 결론을 내리기에는 부족하다고 되어 있다. 세 번째 의문에 대한 답은 더 애매했다. 군이 따지자면 '그렇다.'이긴 한데, 그 정도가 미미한 수준이었다. 세 번째 의문은 음악 공부와는 관련이 없으니 결국 이 논문에 따르면 자발적이든 비자발적이든 음악 공부가 비록 정도가 강하지는 않아도 수학 성취에 긍정적인 영향을 끼치는 셈이다.

여기서 다루지 못한 2000년대 이후의 연구는 어떨까? 연구마다 방법론이 제각기 달라 판단하기 어렵지만, 결론이 제법 갈린다. 2013년 학술지 《뮤직 에듀케이션(Music Education)》에 실린 연구는 미국의 고등학생을 대상으로 음악 수업을 들은 학생과 그렇지 않은 학생의 수학 능력 평가 시험(SAT) 점수를 비교했다. 그 결과 고등학교 때 음악 수업을 들은 학생이 그렇지 않은 학생과 별 차이가 없었다. 다른 수학 시험 성적을 가지고 비교해도 마찬가지였다.

그런데 2019년 《교육 심리학 저널(*Journal of Educational Psychology*)》에 실린 논문의 결과는 또 달랐다. 캐나다 브리티시 컬럼비아 공립 학교 학생을 대상으로 조사한 결과, 초등학교부터 쭉 음악을 배워 온 학생들이 그렇지 않은 학생보다 영어, 수학, 과학에서 나은 성취를 보였다. 그리고 이런 경향은 노래보다 악기를 배운 학생에게 더 크게 나타났다.

어쩌면 어렸을 때부터 배워야 효과가 있는 걸까? 2006년에 학술지 《브레인(*Brain*)》에 실린 논문은 4~6세 아이들을 1년 동안 음악 수업을 들을 아이와 그렇지 않은 아이로 나누어 관찰한 결과를 담고 있다. 음악 수업을 들은 아이들은 그렇지 않은 아이들과 다른 두뇌 발달을 보였고, 수학을 비롯한 다른 과목의 학습과 관련 있는 능력이 높아졌다. 그러면 어린 시절부터 음악을 가르쳐야 하는 걸지도 모르겠다.

반면 2020년 학술지 《메모리 앤드 코그니션(*Memory & Cognition*)》에 실린 리뷰 논문은 다른 이야기를 하고 있다. 연구진은 1986년과 2019년 사이에 나온 관련 연구를 종합해 분석했고, 음악이 인지 능력이나 학업 성취도를 높이는 데 효과가 없다는 결론을 내렸다. 음악을 공부하면 아이가 똑똑해진다는 통념이 틀렸다는 것이다.

음악은 그 자체로 좋다

이쪽에서는 좋다 하고 저쪽에서는 효과 없다고 하니 무슨 말을 믿어야 할까? 또 가만히 보면 음악이 공부에 효과가 있다고 할 때도 그게 꼭 수학만 해당하는 것 같지 않다. 기억력이나 읽기 같은 건 학습 전반에 도움이 되는 능력이다. 음악 공부가 수학이 아닌 다른 공부에도 똑같이 도움이 된다면, 음악과 수학의 밀접한 관계 같은 건 무슨 의미가 있는 걸까? '음악을 배우면 머리가 좋아진다.'가 아니라 '음악을 배우면 수학을 잘하게 된다.'가 되려면, 지금보다 훨씬 더 명확한 인과 관계가 있어야 할 것 같다.

어쩌면 수학과 음악에 모두 능한 천재는 원래 그만큼 재능이 있는 사람이었던 걸지도 모른다. 뭔가를 배워서 잘하게 된 게 아니라 원래 능력이 있어서 여러 가지를 잘하게 된 사람일 수도 있다. 세상의 모든 수학자가 음악을 배운 것도 아닐 텐데 말이다. 앞서 소개한 연구도 상관 관계를 나타낼 뿐 원인과 결과를 알아내는 건 쉽지 않은 일이다.

학계에서도 명확히 결론 내지 못한 것을 가지고 이러쿵저러쿵 하는 건 부담스럽지만, 비전문가 입장에서 나름대로 결론을 내리자면 음악을 배우나 안 배우나 수학을 잘하는 데는 큰 차이가 없는 게 아닐까 싶다. 정말로 대단한 효과가 있다면, 확실히 눈에 띌 테니 이렇게 논란이 있을 것 같지는 않다.

하지만 음악을 배우는 건 그 자체로 매력적이다. 삶을 풍요롭게 하는 데 도움이 되고, 자신을 좀 더 매력적으로 보이게 할 수 있고, 마음을 가다듬는 데도 좋다. 수학 공부에 도움이 되는 안 되든 그게 무슨 상관이랴. 이 정도면 배워 볼 만하지 않을까? 그런 생각으로 지금도 심심하면 어떤 악기가 손가락이 굳은 내게 그나마 맞을지 궁리하곤 한다.

이번엔 체스!
체스와 수학

「퀸즈 갬빗(The Queen's Gambit)」이라는 미국 드라마를 재미있게 보았다. 1950년대와 1960년대를 배경으로 고아가 된 미국의 체스 신동이 세계 챔피언의 자리에 오르기까지의 과정을 그린 작품이다. 체스에 관해서는 기물 움직이는 법과 기본적인 규칙 정도밖에 몰랐고 컴퓨터와 몇 판 둬 본 경험밖에 없었지만, 드라마를 보는 데는 전혀 지장이 없었다.

주인공인 베스 하몬은 교통 사고(사실은 어머니가 자살하려고 고의로 낸 사고였다.)로 어머니를 잃고 고아원에서 살게 된다. 그러던 어느 날 지하실에서 청소부인 샤이벨 씨가 체스를 두는 모습을 보고 흥미를 느껴 여러 차례 조른 끝에 체스를 배우기 시작한다.

베스는 타고난 체스 천재다. 배운지 얼마 안 되어 스승인 샤이벨 씨를 이기고, 인근 고등학교의 체스 클럽 회원들을 다면기로 상대해서 전부 이긴다. 그 직후 약물 문제를 일으켜 체스를 금지당하지만, 시간이 흘러 청소년이 되고 양부모에게 입양된 뒤에 다시 체스를 시작한다. 그리고 미국 각지를 돌아다니며 대회를 휩쓸고 다니는데…….

이 드라마에서 흥미롭게 본 장면 중 하나가 실제 체스 판과 기물 없이 머릿속에서만 상황을 떠올리며 체스를 두는 모습이다. 체스에 빠진 베스가 고아원에서 주는 진정제를 몰래 숨겨 두었다가 잠자리에 들기 전에 먹고서는 천장을 바라보면 가상의 체스 판이 나타나는데, 그 모습이 음악과 어우러져 인상적인 장면을 만든다.

실제로 높은 수준에 오르면 머릿속으로 체스를 두는 게 가능하다고 한다. 심지어는 눈을 가리고 다면기를 둘 수도 있다고 한다. 체스뿐 아니라 우리나라를 비롯한 동양에서 많이 두는 장기도 이런 식으로 눈을 가리고 둘 수 있다. 바둑의 경우에도 가능하기는 한데, 체스나 장기보다 복잡해서 머릿속으로만 끝까지 두는 건 쉽지 않은 모양이다. 그렇다고 해도 우리 같은 범인으로서는 도무지 상상이 가지 않는 영역이다.

작중에서 베스의 라이벌이자 조력자인 베니가 지나가듯이 이렇게 묻는 장면이 있다. "너도 혼자서 머릿속으로 체스를 두고 그러니?" 그러자 베스는 "누군 안 그래?"라고 대답한다. 보다가 울컥해서 "너희만 그런 거라고!"라고 외칠 뻔했다.

수학자 어머니에게 받은 천재성

또 하나 소소하게 눈에 띈 장면이 있었는데, 베스의 어머니가 정신이 무너진 채로 자기 물건을 마구 불태워 버릴 때 화면에 잠시 수학 박사 학위 논문이 보인다. 아마도 베스의 어머니는 박사 학위까지 받은 수학자였던 모양이다. 베스의 체스 천재성이 수학을 전공한 어머니에게서 왔음을 암시하는 내용인데, 베스는 수학 수업 시간에도 뛰어난 능력을 보여 준다. 어쩌면 체스 대신 수학을 계속 공부했어도 뛰어난 수학자가 됐을지도 모를 일이다.

수학적 재능이 뛰어나다는 건 모종의 지적 능력이 뛰어나다는 뜻일 테니 체스를 잘 둔다고 해서 이상할 건 없다. 체스는 서양에서 인기가 높은 게임이니 실제로 수학자 중에 체스를 좋아하는 사람도 당연히 있을 테고, 그중에는 체스 선수로 활동한 수학자도 있긴 하다. 다만 수학을 잘하는 사람이 전부 체스를 잘 두는지는 알 수 없다. 음악과 수학의 관계 때도 그랬듯이 어떤 두 가지 사이의 연관성을 확실히 아는 건 어려운 일이다.

체스를 배우는 게 수학 학습에 도움이 된다는 연구는 어렵지 않게 찾을 수 있다. 2017년 독일과 덴마크 공동 연구진이 발표한 논문에 따르면, 초등학교 1~3학년의 수학 수업을 체스 관련 내용으로 대체했더니 수학 학습에 긍정적인 효과가 나타났다. 특히 학교 수업을 지루해 하는 아이들에게 더 큰 효과가 있었다. 체스가 어린 학생들의 수학 능력을 길러 주는 데 효과적인 방법일 수 있다는 소리다. 비슷한 연구를 몇 개 더 찾을 수 있었는데, 대체로 아이들을 무작위로 선발해 실험군과 대조군으로 나눈 뒤 실험군에게만 체스를 가르치고 몇 개월 뒤에 두 집단의 수학 성취를 측정해 비교하는 식이었다.

흠……. 그렇다면 자녀가 수학을 잘하기를 바란다면 체스 같은 게임을 가르치는 게 좋을까? 이런 생각을 하고 있던 참에 또 다른 논문이 눈에 들어왔다. 이번에는 내용이 다르다. 2017년 영국 리버풀 대학교 연구진은 실험 결과 체스가 수학적인 문제 해결 능력에 그다지 도움이 되지는 않는 것 같다고 밝혔다. 애초에 그런 쪽에 뛰어난 사람이 체스에 흥미를 느끼고 더 몰입하게 되는 것일 수도 있다는 소리다. 농구를 열심히 하면 키가 커지는 게 아니라 원래 키가 큰 사람이 농구를 더 잘하게 마련이고 따라서 더 흥미를 느끼기 쉽다는 비유를 들 수 있을까?

여전히 유용한 두뇌 운동

여기서 어느 쪽이 맞다고 할 수는 없지만, 일단 키가 작다고 해서 농구를 하는 게 아무 의미가 없지는 않다. 타고난 신체 능력의 한도 안에서 몸을 단련할 수 있는 좋은 운동이니까. 마찬가지로 체스도 없던 능력을 만들어 준다기보다는 타고난 사고력을 발휘할 수 있게 돕는 두뇌 운동이라고 보는 게 무난한 것 같다.

「퀸즈 갬빗」의 배경인 1960년대와 지금을 비교하면 체스가 갖는 의미도 달라졌다. 당시만 해도 체스는 인간의 지적 능력을 상징하는 게임이었다. 인공 지능의 지적 능력을 판단하는 척도이기도 했다. 인공 지능이 체스로 사람을 이긴다는 건 사람의 지적 능력에 대한 위협처럼 느껴졌다.

하지만 1997년에 IBM의 인공 지능 컴퓨터 딥 블루가 인간 체스 챔피언인 가리 카스파로프(Garry Kasparov)와의 대결에서 마침내 승리를 거두었다. 그리고 이제 사람은 체스로 컴퓨터를 이기지 못한다. 슈퍼컴퓨터는 고사하고 스마트폰의 체스 프로그램만으로도 충분히 사람을 이길 수 있다. 체스보다 훨씬 더 복잡해서 컴퓨터가 사람을 이기기 어려울 거라고 생각했던 바둑조차 몇 년 전에 알파고가 등장하면서 컴퓨터가 사람보다 더 잘하는 영역이 되었다.

이제 체스나 바둑은 컴퓨터가 도달하기 어려운 인간의 지적 활동이라는 자리에서 내려왔지만, 앞서 말했듯이 두뇌 운동으로서는 여전히 유효하다. 오히려 언젠가 컴퓨터에게 따라잡힐지 모른다는 불안감에서 벗어나 홀가분해지지 않았을까? 바둑의 경우 알파고가 기존 이론에 새로운 관점을 제시해 주었다고도 한다.

우리는 어차피 다른 동물이나 자동차보다 빨리 달리지 못하지만 달리기를 한다. 어차피 프로 선수보다 못할 걸 알면서도 열심히 조기 축구에 나가서 뛴다. 어차피 계산기보다 사칙 연산을 못할 걸 알면서도 어렸을 때부터 배운다. 군이 뭔가를 이기겠다기보다는 자신의 능력을 계발하는 게 중요한 것이다.

꼭 수학 성적에 도움은 안 된다고 해도

체스와 관련된 수학 문제를 보면, 수학자들에게도 체스가 흥미로운 연구의 대상이 된다는 사실을 알 수 있다. 체스의 규칙을 이용해 재미있는 문제를 만들어 푸는 것인데, 대표적인 예로 '여덟 퀸 문제(Eight queens puzzle)'가 있다. 혹시 모르는 분을 위해 설명하자면, 퀸은 체스에서 가장 강력한 말로, 가로와 세로 및 대각선으로 원하는 거리만큼 움직일 수 있다.

여덟 퀸 문제는 8×8칸인 체스판에 퀸 8개를 배치하는 문제다. 이때 각각의 퀸은 다른 퀸을 공격하는 위치에 있어서는 안 된다. 이를 일반화하면 $n \times n$칸인 체스판에 퀸 n개를 배치하는 문제가 된다. 이를 또 살짝 변형해 이미 몇 개의 퀸이 놓여 있는 상태에서 나머지 퀸을 배치하는 문제도 있다. 퀸이 아닌 다른 말로도 비슷한 문제를 만들 수 있다.

수학자들이 만든 본격적인 문제는 우리가 손을 대지 못하겠지만, 여덟 퀸 문제는 우리 같은 일반인이 퍼즐로도 즐길 수 있다. 방법은 이렇다. 두 사람이 번갈아 체스판 위에 퀸을 하나씩 놓는다. 퀸을 놓을 때는 이미 올라와 있는 퀸의 공격 범위에서 벗어난 곳에 놓아야한다. 계속 번갈아 놓다가 더 이상 놓을 자리를 찾지 못하는 사람이지는 것이다. 어디에 놓아야 승률이 높아질지를 궁리하면서 둔다면, 이것도 상당한 머리싸움이 될 것 같다.

「퀸즈 갬빗」이 성공하면서 미국에서는 체스 용품과 관련 책 판매량이 갑자기 뛰어올랐다고 한다. 사실 나도 이 드라마를 보기 몇달 전에 아이에게 장기와 체스를 가르쳐 주기는 했다. 아이와 놀아줄 게 필요하기도 했고, 솔직히 말하면 그때는 아이의 수학적 능력이나 전반적인 사고력을 계발하는 데 도움이 될지도 모른다는 얕은 생각도 있었다. 놀 거리를 생각할 때도 공부 생각을 하다니 나도 어쩔수 없는 학부모인가 싶다.

이 글을 쓰면서 생각하니 수학 성적을 위해 체스를 가르쳐 보려던 일은 조금 반성이 된다. 사실 수학이든 체스든 체스 규칙을 이용한 수학 문제든 머리를 써서 어떤 문제를 해결하는 일은 즐겁다. 혹은 다른 어떤 두뇌 운동을 하든 무슨 과목의 점수를 잘 받기 위해서라기보다는 그 자체로 재미를 느끼게 해 주는 게 옳은 것 같다.

운동으로 다져진 몸이 살아가는 데 도움이 되듯이 논리적인 훈련으로 단련된 두뇌도 어떻게든 도움이 될 것이다. 때로는 「퀸즈 갬빗」의 베스 같은 천재와 비교가 되기도 하지만, 지금으로서는 머리가 터질 것 같다며 얼굴이 시뻘게져서 끙끙대는 아이의 모습을 보는게 마냥 귀엽기만 하다.

수학은 기세야, 기세!

"24번 답 확실해? …… 다혜 너 방금 뒷문제들 한참 풀다가 다시 24
번으로 돌아왔어. 그렇지?"

"네."

"만약 이게 실전 수능이고 이게 첫 문제였으면 시작부터 완전
엉킨 거야. 이거 봐. 맥박도 엉켰잖아. 심장이, 거짓말을 못 해. 시험
이라는 게 뭐야? 앞으로 치고 나가는 거야. 그 흐름을, 그 리듬을 놓
치면 완전 꽝이야. 24번 정답? 관심 없어. 나는 오로지 다혜가 이 시
험 전체를 어떻게 치고 나가는가! 장악하는가! 거기만, 관심 있다.
실전은 기세야, …… 기세."

팬데믹 직전 미국 아카데미 상을 휩쓸었던 봉준호 감독의 영화
「기생충」에는 이런 장면이 나온다. 부잣집에 과외 선생으로 간 기우
가 학생인 다혜에게 수학을 가르치며 하는 말이다. 캐릭터의 성격으

로 보아 수학을 제대로 가르친다기보다는 그럴듯하게 주워섬기는 쪽에 가깝겠지만, 그냥 사기꾼의 말빨로 치부하고 흘려 넘기기에는 상당히 그럴듯하게 들린다. 과연 얼마나 믿을 만한 소리일까?

용기가 없었다면

「기생충」 아카데믹 4관왕 소식 직후인 2020년 2월 24일 영화 「히든 피겨스」의 주인공으로 NASA의 달 착륙 계획에 크게 이바지한 미국 수학자 캐서린 존슨이 세상을 떠났다는 소식이 들려왔다. 당시 드물었던 흑인 여성 수학자로서 존슨은 인종 차별과 성차별을 극복하고 초창기 우주 탐사의 역사에 중요한 발자취를 남겼다. 2019년 3월에 발행된 《미국 수학 회보(*Notices of the American mathematical Society*)》에 존슨의 생애를 간략히 다룬 글이 실려 있는데, 이 글을 통해 존슨이 어떤 계기로 수학을 시작했는지 알 수 있다.

캐서린 콜먼(Katherine Coleman, 콜먼은 결혼 전 성이다.)은 1918년 8월 26일에 4남매의 막내로 태어났다. 어머니는 학교 선생님이었고, 아버지는 목수 겸 농부였다. 존슨은 어려서부터 영민했던 것으로 보인다. 말을 또박또박 잘했고, 호기심이 많았다. 존슨의 아버지는 초등학교밖에 못 나왔지만, 수학 문제를 푸는 데 재능이 있었다. 어린 존슨은 수학 문제를 푸는 아버지를 흉내내며 놀았다.

존슨은 학교를 월반하며 다녔고, 10세 때 이미 고등학교에 들어갈 수준이 되었다. 부모도 교육에 열정적이어서 자녀들이 고등 교육을 받을 수 있도록 노력했다. 존슨은 14세에 고등학교를 졸업하고, 대학에 진학했다. 고등학교와 대학교를 거치면서 여러 스승이 존슨이 수학을 공부하도록 권유했다. 이들은 존슨이 수학에 흥미를 갖게 해 주었고, 수학을 전공하도록 강력하게 권유했으며 "좋은 수학자가 될 수 있을 것"이라고 용기를 북돋웠다.

이 글을 읽을 때 눈에 띄는 부분은 스승에 관한 이야기였다. 아무리 뛰어난 수학 능력을 갖고 태어났다고 해도 인종 차별이 심했던 당시에 교육에 열정적이었던 부모와 자신감을 불어넣어 주는 여러 스승이 없었다면, 존슨은 수학자가 되지 못했을지도 모른다.

실력 좋아도 자신감 없으면 꽝

다른 어떤 분야에서도 마찬가지겠지만 수학에서도 자신감은 중요하다. 수학이 두렵고 수학에 재능이 없다고 생각한다면, 당연히 수학을 잘하기 어렵다. 수학에 자신감을 키워 주는 건 수학 교육의 중요한 목표이기도 하다.

이를 증명하기라도 하듯이 최근 자신감이 없으면 수학 실력이 좋아도 좋은 성과를 내기 어렵다는 사실을 암시하는 연구 결과가 나왔다. 미국 오리건 대학교와 오하이오 주립 대학교 등의 연구자로 이루어진 공동 연구진은 개인의 수학 실력과 수학에 대한 자신감이 경제적, 의학적 상황과 어떤 상관 관계를 보이는지 조사해 발표했다. 시험 성적이 아니라 돈이나 건강과의 관계를 연구했다는 게 다소 의아하게 느껴질 수 있지만, 이 두 가지 요소가 수학과 상관이 있다는 게 연구진의 주장이다.

예를 들어 은행에 적금을 들거나 대출을 받을 때 금리 같은 숫자를 정확히 이해하지 못하면 자신이 얼마를 벌고 다달이 얼마를 갚아야 하는지를 제대로 파악하지 못하고 실수를 저지를 가능성이 크다. 신용 카드를 사용할 때도 마찬가지다. 살면서 돈과 관련된 결정을 내릴 때는 수를 잘 다루는 편이 이롭다.

건강도 수와 관련이 있다. 미국의 경우지만, 비용 대비 보장이 가장 큰 건강 보험을 선택할수록 건강한 생활을 유지하기 쉽다. 여러 가지 치료법 중 각 치료법의 효과나 생존율을 따질 때도 수 감각이 없으면 곤란하다. 연구진은 미국인의 약 30퍼센트가 단순 계산과 간단한 백분율을 넘어서는 어려운 수학을 못하기 때문에 이런 분야에서 결정을 내릴 때 손해를 본다고 말하며 연구 계기를 설명했다.

수학 실력이 좋으면 재정적으로나 의학적으로 유리한 결과를 얻을 수 있다. 자신감도 마찬가지다. 그런데 연구진은 수학 실력과 수학에 대한 자신감이 별개로 작용하는 게 아니라 상호 작용한다는 가설을 세우고 연구를 진행했다.

먼저 경제적인 상황에 관한 연구를 보자. 연구진은 미국인 4,572명을 대상으로 신용 카드 청구액, 투자액, 대출금과 같은 재정 정보와 객관적인 수학 실력, 수학에 대한 자신감을 조사했다. 결과는 연구진의 가설을 뒷받침했다. 수학에 대한 자신감이 높은 사람의 경우에는 객관적인 수학 실력이 좋을수록 재정 상태가 좋았다. 그런데 수학 실력이 좋아도 자신감이 낮은 경우 결과가 좋지 않았다.

두 번째 조사는 루푸스라는 만성 질병을 지닌 환자가 대상이었다. 루푸스는 완치가 되지 않는 자가 면역 질환이지만, 적절한 방법을 쓰면 관리할 수 있다. 다만 수를 다루는 능력이 좋을수록 적절한 건강 보험을 선택하고, 약의 복용 시간과 양을 정확히 지키는 데 유리하다. 연구진은 이번에도 환자의 객관적인 수학 실력과 수학에 대한 자신감을 측정했고, 의사의 평가를 통해 환자의 상태를 조사했다. 자신감이 있는 환자 중에서는 객관적인 수학 실력이 좋을수록 몸 상태가 좋았다. 여기서도 자신감이 낮을 때는 수학 실력이 좋아도 유리하지 않았다.

종합하면 수학 실력만 좋다고 해서 좋은 결과가 나오는 건 아니라는 결론이 나온다. 자신감이 없으면 아무리 실력이 좋아도 그 실력을 발휘하지 못한다는 것이다. 실력은 없는데 자신감만 높은 경우가 최악이었다. 두 번째 조사에서 자신감이 높은 환자 중에서 수학 실력이 좋은 환자는 불과 7퍼센트만 나쁜 징후를 보였는데, 자신감만 높고 실력이 나쁜 환자 중에서는 44퍼센트가 나쁜 징후를 보였다.

연구진은 실력이 좋아도 자신감이 없으면, 어렵거나 지루한 문제를 만났을 때 금세 포기하기 때문에 실력을 발휘하지 못한다고 설명했다. 반대로 실력은 없는데 자신감만 높으면 문제에 거리낌 없이 덤벼드는데 실수가 잦다. 자신이 있으니 다른 사람의 도움도 잘 받지 않는다.

이 연구의 조사 대상으로 통계를 내면 수학 실력은 좋은데 자신감이 떨어지는 사람이 18~20퍼센트, 실력은 나쁜데 자신감이 높은 사람이 12~13퍼센트를 차지했다. 전체의 약 3분의 1이 실력과 자신감이 엉뚱하게 조합되어 있는 셈이다. 실력과 자신감 중 어느 하나만 높아서는 오히려 해가 될 수 있다고 하니 자기 실력을 객관적으로 파악하고 그에 맞는 자신감을 갖추는 게 중요해 보인다.

자신감이 부족할 때는 능력보다 노력

앞의 연구를 보면 무작정 자신감을 불어넣어 주는 교육이 부작용을 일으킬지도 모른다는 생각이 든다. 자신감을 가지라는 조언이 누구에게는 진짜 실력을 발휘하게 하는 좋은 효과를 내겠지만, 다른 누군가에게는 실력에 맞지 않는 과도한 자신감만 갖게 할 테니 말이다.

그렇다면 어떻게 자신감을 갖추게 하는 게 좋을까? 흔히 자녀를 칭찬할 때 결과가 아닌 과정을 칭찬하라고 한다. "이 문제를 맞히다니 너 참 똑똑하구나."가 아니라 "이걸 스스로 생각해서 풀었다니 훌륭하구나."와 같이 칭찬하라는 것이다.

이와 같은 방식이 시험에서 실제로 효과를 낼 수 있다는 연구 결과도 있다. 네덜란드 암스테르담 대학교와 위트레흐트 대학교 공동 연구진은 자기 대화(self-talk)라는 자신감 부여 방식이 수학 시험에 어떤 효과를 내는지를 조사했다. 예전에 리우 올림픽에서 펜싱 금메달을 딴 박상영 선수가 경기장에서 "할 수 있다."를 되뇌는 모습이 화제가 된 적이 있듯이 자기 대화를 통한 암시와 자신감 부여는 여러 분야에서 많이 쓰이는 방법이다. 보통 "나는 할 수 있다."와 같은 말을 많이 쓰지만, 연구진은 자기 대화의 방식을 두 가지로 나눈 뒤 수학 시험 결과에 어떤 영향을 끼치는지 조사했다. 하나는 능력에 관한 내용으로 "나는 이걸 아주 잘해."였고, 다른 하나는 노력에 관한 내용으로 "최선을 다할 거야."였다.

대상은 네덜란드의 9~13세 어린이 212명이었다. 먼저 수학 시험을 보기 며칠 전에 설문 조사를 통해 수학에 대한 자신감을 조사했다. 시험 당일에 아이들은 먼저 문제의 절반을 풀었다. 그리고 편안히 앉아서 각자 주문받은 대로 행동했다. 3분의 1은 "나는 이걸 아주 잘해."라고 자기 대화를 했고, 3분의 1은 "나는 최선을 다할 거야."라고 자기 대화를 했고, 나머지 3분의 1은 자기 대화를 하지 않았다. 그리고 난 뒤 나머지 절반을 풀었다.

그 결과 노력에 관한 자기 대화를 한 학생들의 수학 시험 결과가 좋아졌다. 이는 수학에 대한 자신감이 약한 학생들에게서 더욱 두드러졌다. 반면 능력에 관한 자기 대화를 한 학생들의 수학 시험 결과는 자신감 수준과 상관없이 긍정적인 영향을 끼치지 못했다.

연구진은 자신감이 없는 학생은 자신에게 능력이 있다는 말을 스스로 받아들이지 못하기 때문에 능력에 관한 자기 대화가 효과를 나타내지 못한다고 주장했다. 노력에 관한 자기 대화는 학생으로 하여금 능력 부족이라는 현실을 잊고 자신이 할 수 있는 일을 하게 해 준다는 것이다. 자신감이 있는 학생의 경우 능력에 관한 자기 대화를 자연스럽게 받아들이지만, 그럼에도 불구하고 시험에서 더 좋은 결과를 내지는 못했다. 연구진은 자기 대화를 통한 성과 향상이 실력 발휘를 방해하는 장애물을 없애는 수준에서만 효과가 있을 수 있다고 추측했다. 이미 잠재력을 충분히 발휘하고 있는 사람에게는 효과가 없을지도 모른다는 소리다.

이렇게 보면「기생충」에 나왔던 그 대사는 나름 진지하게 받아들여야 할 말 같다. 적절한 자신감을 갖출 줄 알아야 제 실력을 발휘하지 못해 안타까워할 일이 없을 테니까.

앞날이 걱정될 때 수학 생각

5부

대기만성 수학자를 보며

요즘 들어 점점 나이를 먹어 가고 있다는 것을 매일같이 느낀다. 특히 운동 능력이 쇠퇴하고 있는 게 확 느껴진다. 체력도 체력이지만 예전에는 되던 것들이 요즘은 잘 되지 않는다. 예전 같으면 뛰어가서 잡았을 것도 못 잡고, 충분히 받을 수 있었을 것도 못 받는 일이 자주 있다. 특히 눈으로는 쫓아가는데 몸이 반응하지 않는 경험을 많이 한다.

사실 쇠퇴하는 건 운동 능력만이 아니다. 머리 또한 젊을 때만 못하게 된다는 건 누구나 알고 있다. 바둑만 봐도 그렇다. 잘 모를 때는 가만히 앉아서 두는 바둑은 경험과 연륜이 풍부하게 쌓인 기사가 더 잘 둘 수 있겠다고 생각했다. 그런데 알고 보니 두뇌 스포츠라고 불리는 바둑도 전성기가 10대 후반과 20대 사이라고 하는 게 아닌가. 앉아서 키보드와 마우스로 조작하는 게임을 해 봐도 나이를 조금만 먹으면 반사 신경이 무뎌져서 실력이 떨어지는 것을 느낄 수 있

249

다. 몇 번 비참하게 지다 보면 어쩔 수 없이 탄식하게 된다.

공부도 마찬가지다. 어렸을 때 공부에도 때가 있다는 어른들의 말씀을 많이 들었다. 그때는 잘 이해가 되지 않았는데, 지금은 너무나도 피부로 와닿는다. 물론 계속 단련하면 어느 정도 수준을 유지할 수는 있겠지만, 자연의 법칙을 거스를 수는 없다. 이제 뭘 배워서 새로운 일을 해 보겠다는 건 엄두가 잘 나지 않는다.

아직 별달리 이룬 것도 없는데 속절없이 나이만 먹고 있다고 생각하면 불안하기 짝이 없다. 말년의 나는 과연 어떻게 될 것인가?

위대한 성과는 젊을 때 이룬다

운동 선수가 나이를 먹으면 기량이 떨어지듯이 프로 공부 선수라고 할 수 있는 학자들도 나이를 먹으면 연구 능력이 떨어진다고 봐야 한다. 물론 성과는 계속 축적해 갈 수 있지만, 획기적인 결과를 내놓을 가능성은 떨어질 것이다. 실제로 역사를 공부해 보면, 젊은 나이에 과학사에 남을 뛰어난 업적을 남긴 과학자의 일화를 어렵지 않게 접할 수 있다.

내 경우에도 기억 나는 경험이 하나 있다. 학창 시절에 헌책방에서 제임스 왓슨(James D. Watson)의 『이중 나선(*The Double Helix*)』을 사서 읽을 때다. 왓슨은 1953년에 프랜시스 크릭(Francis H. C. Crick)

과 함께 DNA가 이중 나선 구조라는 사실을 알아낸 일로 유명해진 생물학자다. 21세기 들어서는 불미스러운 일로 다시 한번 유명해졌지만. 어쨌든 이 책에는 이중 나선 구조를 발견하게 된 과정과 자신의 개인 생활에 관한 이야기가 담겨 있다.

내 눈길을 끈 부분은 "나도 이제 벌써 스물다섯이나 되었으니 언제나 어린아이들처럼 철부지 노릇을 하고 있을 때는 아니었다."라는 맨 마지막 문장이었다. 아마도 책의 전 주인이었을 듯한 이가 이 "스물다섯"이라는 부분에 동그라미와 별표를 마구마구 쳐 놓았던 것이다. 노벨상을 받을 만한 업적을 세운 나이가 불과 스물다섯이라는 데 큰 인상을 받았던 것 같다. 사실 나도 비슷한 감정이긴 했다.

알베르트 아인슈타인은 "30세 전에 과학에 위대한 공헌을 하지 못한 사람은 평생 하지 못한다."라는 말을 남겼다. 광전 효과, 특수 상대성 이론 등의 내용을 담은 논문 4편이 연달아 나와 기적의 해로 불리는 1905년 아인슈타인은 26세였다. 수학 분야에서도 젊은 천재의 사례는 많다. 눈금 없는 자와 컴퍼스만으로 정십칠각형을 작도하는 게 가능하다는 사실을 밝혔을 때 카를 가우스는 17세였다. 갈루아 이론과 갈루아 군으로 수학에 자신의 이름을 남긴 에바리스트 갈루아(Évariste Galois)는 20세에 세상을 떠났다.

라마누잔과의 인연으로 유명한 영국의 수학자 고드프리 해럴드 하디는 자신의 책에서 이렇게 썼다.

이 나이의 문제에 관해 한 마디 해야 할 것 같다. 수학자에게는 이게 특히 중요하기 때문이다. 어떤 수학자도, 과학의 다른 어떤 분야보다 수학이 젊은이의 게임이라는 사실을 잊어서는 안 된다. …… 나는 중요한 수학적 진보가 50세가 넘은 사람에 의해서 이루어진 사례를 알지 못한다. 만약 나이 들어서 수학에 흥미를 잃어버리거나 수학을 포기한다고 해도 수학이나 그 사람 자신에게 별로 심각한 손해는 아닐 것이다.

점점 늦어지는 과학자의 전성기

수학의 경우에는 특히 더 젊은 천재에 관한 이야기가 많이 들린다. 화학 신동이나 생물학 신동, 지질학 신동보다는 수학 신동이 훨씬 더 친숙하게 들리지 않는가. 실제로 과학 분야에 따라 가장 뛰어난 실력을 보이는 연령대가 다를 수 있을까?

1991년 미국 캘리포니아 주립 대학교 데이비스의 심리학자 딘 키스 사이먼튼(Dean Keith Simonton) 교수는 과거의 과학자와 발명가 2,000여 명을 대상으로 첫 번째 중요한 업적, 최고의 업적, 마지막 업적을 남긴 나이를 조사했다. 나이와 창의성의 관계를 알아보고자 한 것인데, 결과를 보면 통념과 맞아떨어지는 부분도 그렇지 않은 부분도 보인다.

첫 번째 중요한 업적을 이룬 나이는 수학의 경우 평균 27.3세, 천문학은 30.5세, 물리학은 29.7세, 화학은 30.5세, 생물학은 29.4세이다. 수학자가 다른 분야 과학자보다 더 어린 나이에 중요한 업적을 내놓는다는 결과는 어린 수학 천재들의 사례를 떠올려 볼 때 일견 고개가 끄덕여진다. 하지만 아인슈타인의 말과 달리 최고의 업적을 낸 시기는 대부분 30대 후반과 40대 초반 사이였다. 수학의 경우 평균 38.8세, 천문학은 40.6세, 물리학은 38.2세, 화학은 38세, 생물학은 40.5세였다. 이 연구에 따르면 30세가 한계라는 아인슈타인의 발언은 다소 가혹한 것으로 보인다. 그래도 하디는 한계를 50세로 보았으니 좀 더 관대하다고 할 수 있을까.

하지만 이런 분위기도 시간에 따라 변하는 모양이다. 2011년에 미국 노스웨스턴 대학교과 오하이오 주립 대학교 연구진이 1901년부터 2008년까지 노벨상 수상자 525명을 대상으로 연구 성과가 정점에 이른 시점을 조사했다. 초기(상을 받게 해 준 연구가 1905년 이전에 이루어진 경우)에는 수상 업적을 이룬 나이가 어린 사례가 많았다. 수상자의 약 3분의 2는 40세가 되기 전에 노벨상을 받은 연구를 했고, 약 5분의 1은 30세 이전이었다.

이런 분위기는 시간이 흐르면서 점점 옅어졌다. 과학 지식이 점점 더 많이 쌓이고 분야가 세분화되고 전문화되면서 기본 지식을 쌓는 데 필요한 시간이 더 길어졌다. 2000년대에 들어서면 30세 이전에 업적을 이룬 경우가 거의 없어졌다. 연구진은 1980년 이후로 노벨상 수상 업적을 이룬 평균 나이가 48세라고 밝혔다. 이제는 과학자의 최전성기를 40대로 보아도 무방하다는 소리로 들린다.

인생은 50부터?

노벨상에는 수학상이 없지만, 수학자도 희망을 가질 수 있는 결과가 아닐까? 이렇게 나이 많은 수학자에게 희망이 되는 사례로는 중국 출신의 미국 수학자 장이탕(张益唐, Yitang Zhang)이 있다. 장이탕은 중국 베이징 대학교에서 학사와 석사 학위를 받고, 미국 퍼듀 대학교에서 박사 학위를 받았다. 그 뒤에는 자리를 잡지 못하고 이런 저런 아르바이트를 전전하며 살았다. 40대 중반이 되어서야 한 대학교에서 강사로 일할 수 있게 되었고, 53세에 쌍둥이 소수 문제에 관심을 갖게 되었다. 쌍둥이 소수는 3과 5, 5와 7, 11과 13처럼 차이가 2인 소수 쌍을 말한다. 쌍둥이 소수가 무한히 많은지 아닌지는 아직까지 풀리지 않은 수학 난제다.

몇 년 동안 이 문제를 연구하던 장이탕은 58세 때 쌍둥이 소수 문제를 해결하는 데 중요한 실마리를 찾아냈고, 그 뒤로 다른 수학자들이 달려들면서 큰 진전이 있었다. 장이탕은 이 업적으로 많은 주목을 받으며 대학교에서 교수 자리도 얻었다. 장이탕의 사례는 꼭 젊은 천재가 아니어도 수학에서 중요한 성과를 낼 수 있음을 보여 준다.

과학자나 수학자의 경우이긴 하지만, 우리 같은 일반인에게도 도움이 될 것이다. 무슨 일이든 나이를 먹어서 잘 안 된다고 생각하기보다는 이런 사례를 떠올리며 할 수 있다고 생각하는 게 아무래도 좋지 않을까? 어느 분야일지는 모르겠지만, 장이탕처럼 50세가 넘어서 인생 최고의 업적을 낼 수도 있다. 다들 하는 이야기지만, 인생은 어떻게 될지 모른다.

믿을 건 로또밖에 없다?

29장

"복권은 수학 못하는 사람들에게서 걷는 세금이다."

미국의 작가 앰브로스 비어스(Ambrose G. Bierce)가 한 말이다. 웬만한 사람은 다 아는 이야기일 테지만, 한번 살펴보자.

우리나라의 로또는 45개 숫자 중에서 6개를 고르게 되어 있고, 이 6개를 모두 맞히면 1등으로 당첨금을 받는다. 1등에 당첨될 확률은 다음과 같이 구할 수 있다. 처음 고른 숫자가 당첨 번호 6개 중 하나일 확률은 6/45다. 그다음 숫자가 나머지 당첨 번호 5개 중 하나일 확률은 5/44다. 그다음은 4/43, 그다음은 3/42 하는 식으로 이어진다. 이를 전부 곱하면 814만 5060분의 1이라는 1등 당첨 확률이 나온다. 서로 다른 조합으로 10장을 산다고 하면 1등 당첨 확률은 약 80만분의 1로 올라가는데, 그래 봤자 80만분의 1이다.

당첨금은 그 회차에 로또가 얼마나 팔리느냐, 1등 당첨자가 몇 명이냐에 따라 달라진다. 판매액을 모아서 몇 명에게 몰아주는 식이라서 그렇다. 그런데 판매액이 다 당첨금으로 가는 건 아니고 50퍼센트만 당첨금으로 지급한다. 시작부터 절반을 손해 보는 셈이다. 게다가 당첨금에 붙는 세금을 생각하면 완전 손해다.

예를 들어 80억 원 이상을 들여 가능한 모든 조합을 다 산다고 하자. 일주일 안에 800만 장을 일일이 수동으로 표시해 산다는 건 불가능하지만 일단 그렇다고 하자. 그러면 당첨 확률은 100퍼센트가 된다. 로또는 혼자 사는 건 아닐 테니 다른 사람도 고려하자. 요즘 회차별 로또 판매액을 찾아보니 800억 원이 훌쩍 넘는다. 여기에 아까 그 80억 원을 더해서 총 900억 원이라고 하자. 그리고 2, 3, 4등도 무시하고 1등만 있다고 생각하자.

판매액의 50퍼센트가 당첨금이 되니까 총 당첨금은 450억 원. 한 회당 10명 정도가 1등에 당첨되니 10명이 나누어 가진다고 하면 각각 45억 원이 된다. 세금까지 33퍼센트를 떼면, 손에 들어오는 돈은 대략 30억 원. 80억 원 넘게 들여서 30억 원을 벌었으니 역시나 손해가 막심하다.

기댓값이 무한대인 도박인데 안 한다고?

그런데도 사람들은 로또를 산다. 정말 많이 사기 때문에 모든 조합이 다 팔려 나가고도 남을 정도로, 한 회에 당첨자가 10여 명이 될 정도로 산다. 앞날을 아무리 고민해도 답이 보이지 않기 때문일까? 솔직히 말하면, 나도 가끔 산다. 머리로는 안 될 걸 알면서도 헛된 기대를 품고 사게 된다. 결국 나도 수학을 모르는 사람인 건가…….

머리로는 알아도 행동은 그렇게 안 되는 경우가 많다. 확률이 끼어들면 대개 그런 것 같다. 사고 확률을 따지면 비행기가 자동차보다 안전하다고 하는데, 실제로는 비행기를 탈 때 더 긴장되지 않는가. 로또도 비슷하다. 단순히 사는 것을 떠나서 번호를 고를 때도 많은 사람이 수학적으로 행동하지 않는다. 어떤 숫자를 찍어도 당첨 확률이 똑같다는 건 알지만 왠지 1, 2, 3, 4, 5, 6을 고르기는 좀 그렇다.

'상트페테르부르크의 역설'이라는 게 있다. 사람들이 항상 기댓값에 따라 행동하지 않아서 생기는 역설이다. 상트페테르부르크의 한 도박장에 동전 1개를 뒷면이 나올 때까지 던지는 게임이 있다. 첫 번째 시도에 뒷면이 나오면 상금으로 2루블을 받는다. 두 번째 시도에 처음으로 뒷면이 나오면 4루블을 받는다. 세 번째 시도에 처음으로 뒷면이 나오면 8루블을 받는다. 이런 식으로 n번째 시도에 처음으로 뒷면이 나오면 2의 n제곱 루블의 상금을 받는다.

만약 이런 게임이 눈앞에 있다면, 우리는 참가비로 얼마까지 낼 수 있을까? 한 번 참가하는 데 1루블이라면, 하는 사람이 있을 법도 하다. 그런데 참가비가 100루블이라면 어떨까? 가만히 머리를 굴려 보면, 6번 연속으로 앞면이 나온 뒤 일곱 번째에 처음으로 뒷면이 나오면 128루블을 받을 수 있어서 이익이다.

이 게임의 기댓값을 구해 보면 재미있는 결과가 나온다. 처음에 2루블을 받을 확률은 2분의 1이므로 둘을 곱하면 1이다. 그다음에 4루블을 받을 확률은 4분의 1이므로 곱하면 1이다. 같은 방식으로 구해 모두 더하면 이 게임의 기댓값은 무한대가 나온다.

기댓값이 무한대라면, 참가비가 얼마든 간에 게임을 하는 게 이익이라는 소리가 된다. 그런데 실제로 100루블, 1,000루블을 내고 게임에 참가할 수 있을까? 각자 이 게임에 얼마나 낼 수 있을지 생각해 보자. 기댓값이 낮은 로또는 기꺼이 구입하면서도, 기댓값이 무한대인 이 게임에 큰돈을 내고 참가할 사람은 없을 것이다. 즉 사람의 의사 결정은 기댓값에 좌우되지만은 않는다.

수학자와 로또

수학을 정말 잘 아는 사람이라면 다를까? 수학자라면 기댓값이 낮은 로또를 사지 않고 상트페테르부르크 도박장의 게임에 돈을 내고 참가할까? 일일이 물어보지 않는 이상 알 수는 없지만, 수학자라고 해서 전혀 로또를 하지 않는 건 아닌 것 같다. 스탠퍼드 대학교에서 통계로 박사 학위를 받은 수학자 존 긴서(Joan R. Ginther)는 20년에 걸쳐 무려 네 번이나 복권에 당첨됐다. 첫 번째는 1993년으로 540

만 달러의 당첨금을 받았다. 2006년에는 200만 달러, 2008년에는 300만 달러, 그리고 마지막으로 2010년에는 1000만 달러를 받아 총 2040만 달러를 복권으로 얻었다.

이렇게 될 확률은 무려 18×10^{42}분의 1이라고 한다. 긴서의 전공이 통계학이라는 사실 때문에 복권과 관련된 알고리듬을 파악해 이용한 게 아니냐고 의심하는 눈초리도 있었지만, 아직까지 그런 증거는 없다.

시스템의 허점을 이용해 복권으로 돈을 번 사례도 있다. 2005년 MIT에서 수학을 전공하던 제임스 하비(James Harvey)는 매사추세츠 주에만 있는 복권에 관심을 갖고 자세히 들여다보았다. 이 복권은 기본적으로는 로또와 비슷했다. 숫자 6개를 맞추면 1등 당첨금을 받고, 5개, 4개 등 맞춘 숫자에 따라 적은 당첨금을 가져가는 방식이었다. 기댓값도 여느 복권과 비슷해 참가자가 손해를 보게 되어 있었다.

그런데 한 가지 차이점이 있었다. 이 복권도 1등 당첨자가 나오지 않을 경우 당첨금을 이월하게 되어 있었는데, 누적 당첨금이 200만 달러를 넘어가면 이월하지 않고 2등이나 3등의 하위 당첨자에게 당첨금을 나누어 주는 방식이었다.

하비가 연구를 해 보니 하위 당첨자에게 나누어 줄 때는 복권의 기댓값이 크게 올라갔다. 2달러를 주고 한 게임을 하면 적어도 2.3달러를 받기를 기대할 수 있을 정도였다. 하비는 팀을 구성해 하위 당첨자에게 나누어 주게 되는 경우가 생기면 복권을 대량으로 구입해 수익을 거뒀다. 곧 그와 비슷한 여러 집단이 생겨 이 복권으로 수익을 내기 시작했다. 통계를 이용해 누적 당첨금이 200만 달러를 넘기는 시기를 예측하는 데 그치지 않고 대량으로 구매해 시기를 조절하기도 했다. 조작을 하거나 타인의 당첨 확률을 바꾼 것도 아니기 때문에 이들의 행동은 불법이 아니었다. 하지만 이 사실이 알려지자 이 복권은 서서히 인기를 잃었다.

물론 이렇게 복권 당첨을 노리는 수학자는 극소수일 것이다. 하지만 도박에서 시작한 복권이 수학자의 흥미를 전혀 끌지 않을 수는 없다. 이런 관심은 때때로 수학 문제로 이어진다. 2019년에는 복권과 관련된 50년 묵은 수학 문제가 풀렸다. 이른바 무한 로또 문제다. 영국의 수학자 에이드리언 매시어스(Adrian R. D. Mathias)가 제시한 것으로, 비전공자로서 논문을 이해하기는 어렵지만, 해설 기사에 따르면 대략 다음과 같은 내용이다.

실제 로또는 5~6개의 숫자를 맞히면 당첨이 된다. 만약 로또 용지가 무한히 길어서 모든 조합을 다 표시할 수 있다고 하면, 언제나 당첨이 된다. 그런데 당첨 번호를 자연수 전체에서 무한개 고르는 로또가 있다면? 그리고 로또 용지는 무한히 넓어서 자연수 전체로 이루어진 줄이 무한개 있다. 이 경우 언제나 당첨되는 로또가 있을 수 있을까? 그럴 수는 없다는 게 이번에 밝혀진 사실이다.

노력으로 인생 역전할 확률은 800만분의 1보다 높을까?

예전에 학생을 대상으로 한 수학 강연에서 학부모의 뜬금없는 질문을 받은 적이 있는데, "수학적으로 로또를 맞힐 방법이 있느냐?"였다. 물론, 그런 건 없다. 그런 게 있었으면 진작에 수학자들이 로또를 쓸어 가지 않았을까.

비이성적인 믿음을 갖고 로또에 '올인'하는 소수를 제외하면, 우리가 로또를 사는 건 평범한 희망 때문이다. 1,000원이나 1만 원을 들여서 일주일 동안 위안을 사는 것이다. 로또가 좋은 투자가 아니라는 걸 알지만, 그 돈을 다른 데 들여서 딱히 다른 더 유용한 일을 할 게 없다고 생각하는 것이다. 당첨 확률은 800만분의 1이지만 그 1,000원을 아껴서 10억 원을 벌 확률은 더 낮지 않을까?

실제로 상대적으로 저소득층에 속한다고 느낄 때, 그리고 로또는 누구에게나 공정하다고 느낄 때 로또를 더 많이 구매한다는 연구도 있다. 2008년 미국 카네기 멜런 대학교 연구진은 미국 피츠버그의 버스 정류장에서 설문 조사에 응하면 5달러를 준다며 사람들을 모집해 실험한 결과를 발표했다. 이들은 설문 조사를 하면서 응답자의 소득 정보를 기입하게 했는데, 사실 설문지는 두 종류였다. 하나는 소득 분류가 "1만 달러 이하/1만~2만 달러/2만~4만 달러/4만~6만 달러/6만 달러 이상"으로 나뉘어 있었고, 다른 하나는 "10만 달러 이하/10만~25만 달러/25만~50만 달러/50만~100만 달러/100만 달러 이상"으로 나뉘어 있었다. 전자를 받은 사람이라면 자신의 소득이 상대적으로 높다고 느낄 것이고, 후자를 받은 사람은 낮다고 느낄 터였다.

그리고 설문 조사를 마친 뒤 응답자에게 5달러를 주고 그 돈으로 최대 5매까지 살 수 있다며 1달러짜리 복권을 보여 주었다. 그 결과 자신의 소득이 상대적으로 높다고 느낀 사람은 평균 0.67장을 구입했고, 낮다고 느낀 사람은 평균 1.28장을 구입했다. 다른 실험에서는 설문 조사 도중 로또가 다른 것보다 공평하다는 암시를 받은 사람들이 복권을 더 많이 샀다.

미국에서 이루어진 한 실험이지만, 상식적으로 생각할 때 우리가 로또를 사는 이유와 크게 다를 것 같지는 않다. 사람의 심리가 그렇게 쉽게 바뀌지는 않을 테니 아무리 수학적으로는 로또를 안 하는 게 이익이라고 떠들어도 수많은 사람이 계속해서 로또를 살 것이다. 세상이 항상 수학적으로만 돌아가는 건 아니다.

수학은 건강의 비결

30장

오랫동안 건강하게 사는 건 모든 이의 꿈이다. 나이를 먹을수록 자기 몸에 바라는 것도 달라진다. 어렸을 때야 키도 크고 싶고, 잘생기고 싶고, 운동도 잘하고 싶고 등등 바라는 게 많은데, 중년 이상이 되면 그냥 건강하고 아프지만 않아도 좋다. 나날이 건강에 관한 관심이 커지는 가운데 흥미로운 뉴스를 하나 접했다. 수학을 잘하는 사람이 금연에 성공할 가능성이 크다는 연구 결과를 소개하는 뉴스였다. 수학과 담배라니, 둘이 도대체 무슨 상관일까? 궁금증이 일어 연구 내용을 자세히 살펴보았다.

미국 오하이오 주립 대학교와 오리건 대학교 공동 연구진은 온라인을 통해 700명가량의 흡연자를 대상으로 실험을 계획했다. 이들이 세운 주요 가설 세 가지는 이렇다.

첫째, 자극적인 이미지와 함께 제시한 담배 관련 건강 정보는 직후에는 잘 떠오르지 않지만, 시간이 지나도 잘 잊히지 않는다. 둘째, 수리력이 더 뛰어난 사람이 위험 확률과 결과를 더 잘 기억한다. 셋째, 위험 확률과 결과에 대한 기억력이 더 뛰어나면 위험을 인지하고 담배를 끊겠다는 생각을 더 하게 될 것이다.

연구진은 먼저 실험 참가자들을 대상으로 흡연량과 끊고 싶은 마음, 위험 인지 등에 관한 조사를 진행했다. 그리고 서로 다른 경고 문구과 이미지를 여러 차례에 걸쳐 보여 주었다. 이미지는 덜 자극적인 것(만화로 된 무덤 그림)에서 자극적인 것(흡연으로 망가진 허파의 사진)까지 다양했다. 각 이미지에는 "흡연은 허파 질환을 유발한다.", "흡연자의 20퍼센트는 허파 질환으로 죽는다.", "흡연자의 75퍼센트는 85세 이전에 죽는다."와 같은 경고 문구가 함께 있었다.

다 보여 준 뒤에는 그 직후, 혹은 6주 뒤에 다시 참가자를 대상으로 위험과 관련된 정보를 얼마나 기억하는지, 흡연의 위험을 얼마나 인식하고 있는지, 조만간 담배를 끊을 생각이 있는지를 조사했다. 그리고 간단한 수학 문제를 통해 참가자들의 객관적인 수리력을 측정했다.

이미지의 자극성에 관한 내용은 제쳐 두고 일단 수리력과 관련된 결과를 살펴보니 가설대로 수리력이 뛰어난 사람일수록 흡연의 위험과 관련된 통계 정보를 더 잘 기억하고 담배를 끊을 의향이 더 커질 수 있다는 이야기를 하고 있었다. 의향이 행동으로 이어진다면 금연을 할 테니, 수학이 금연에 도움이 될 수 있다는 소리다.

건강 관리에 수학은 필수

연구 논문에서는 직접적으로 '수학을 잘하면'이라고 하지 않는다. 그 대신 '수리력(numeracy)'이라는 말을 쓴다. 수리력을 정의하는 방식을 학자에 따라 조금씩 차이가 있는데 대개 일상 생활에서 수를 이해하고 다루는 능력 정도로 이해할 수 있다. 여기에는 간단한 계산 능력, 분수나 도형을 다루는 능력, 시간이나 그래프를 이해하는 능력, 수나 양을 어림하는 능력 등이 들어간다. 담배처럼 건강 관리와 관련해서는 위험 수준이나 확률, 통계를 이해하는 능력을 주로 보기도 한다.

따라서 앞의 연구에서 수리력을 말할 때 그건 시험을 보는 데 필요한 어려운 문제를 푸는 능력과는 조금 다르다. 당연히 관련은 있겠지만, 실험 참가자를 대상으로 수리력을 측정할 때 쓴 문제는 그다지 어렵지 않은 문제였다. 예를 들어, "빙고 게임 쇼에서 상품으로 LED 텔레비전을 탈 가능성은 1,000분의 1이다. 그러면 평균적으로 쇼에 출연한 사람의 몇 퍼센트가 LED 텔레비전을 탈 수 있을까?" 같은 문제다. 이 정도 수준이라면 그다지 어려울 것 같지 않다.

이런 수리력이 건강 관리와 관련이 있다는, 즉 수리력이 뛰어날수록 건강 관리에 유리하다는 연구는 많다. 수학에 자신감이 중요하다는 내용을 다루었을 때 소개한 논문에도 관련 내용이 나온다. 루푸스라는 만성 질병을 지닌 환자를 대상으로 조사했을 때 수리력이 높을수록 건강 상태가 더 좋았던 것이다.

수리력은 여러 가지 방식으로 건강 관리에 영향을 끼칠 수 있다. 수리력이 좋으면 병원의 질을 나타내는 통계를 더 잘 이해해 더 좋은 병원을 고를 수 있다. 담배의 경우 흡연을 계속했을 때의 위험 수준과 자신이 죽을 확률을 더 잘 인식해서 끊을 생각이 들게 한다. 다만 오히려 역효과가 나는 경우도 있는데, 위험 확률이 예상보다 낮으면 거꾸로 안심해 버리는 것이다.

수리력이 떨어지면 확률이나 통계를 제대로 이해하지 못해 검사를 제때 받지 못할 수 있다. 루푸스나 당뇨병 같은 만성 질환을 앓는 경우 정확한 시간에 정확한 양의 약을 투여하는 데 서툴러서 건강을 해치기도 한다. 영양 성분표를 제대로 이해하지 못해 식단 관리에 실패할 수도 있다.

오래 살고 싶다면 수학을

요즘 세상에 그 정도 수학도 못하는 사람이 어디 있을까 싶지만, 이 주제를 다룬 여러 연구를 보면 의외로 많은 사람이 수나 확률, 통계를 잘 다루지 못해 손해를 본다. 사실 멀쩡히 교육을 잘 받은 사람이라고 해도 실수하지 않는다고 장담하지는 못할 것이다.

나 역시 예전에 비슷한 일화를 겪은 적이 있다. 첫 아이를 낳고 한창 분유를 먹일 때였다. 아이의 개월 수가 늘어나면서 분유를 바꾼 뒤였던 것 같은데, 어느 날 아내가 아이가 자꾸 배가 고파서 보챈다고 말했다. 한 번 먹이면 그대로 몇 시간은 얌전히 있어야 할 텐데 이상하다는 것이었다. 처음에는 아이가 크면서 먹는 양이 늘어나서 자주 먹나 보다 했다.

그런데 문득 분유통을 자세히 들여다보다가 그 이유를 깨달았다. 분유량을 알려 주는 설명을 잘못 이해해서 적정량의 3분의 1씩만 먹이고 있었던 것이다. 먹는 양이 적으니 당연히 아이는 배가 고프다고 울 수밖에. 대학원까지 나온 부모의 어처구니없는 실수 때문에 아이는 며칠 동안 자주 배고픔을 느껴야 했다. 분유통의 설명에 맞게 제대로 타 먹이고 난 뒤부터는 그렇게 자주 보채지 않았다. 그래도 배고프다고 울면 계속 분유를 줬기에 망정이지 만약 계속 그런 식으로 양을 적게 줬다가는 아이의 정상적인 발달에 지장이 생겼을지도 모르는 일이다.

건강 관리도 마찬가지다. 확률과 통계, 그래프로 나타나는 건강 정보를 이해하는 건 자신이 어떤 상태에 있는지 알고 몸을 관리하는 데 도움이 된다. 예를 들어 사람이 어떤 병에 걸릴 확률을 0.01이라고 하자. 그리고 정확도가 90퍼센트인 검사를 받았더니 양성이라는 결과가 나왔다고 하자. 그러면 많은 사람이 병에 걸린 줄 알고 가슴이 철렁할 것이다.

그러나 확률에 관해 안다면, 양성이라는 결과가 나와도 실제로 그 병에 걸렸을 확률이 약 0.08에 불과하다는 사실을 알고 안심할 수 있다.

$$\text{발병 확률} \times \text{양성 판정 확률}$$

$$(\text{발병 확률} \times \text{양성 판정 확률}) + (\text{발병이 아닐 확률} \times \text{양성 판정 확률})$$

$$= \frac{0.01 \times 0.9}{(0.01 \times 0.9) + (0.99 \times 0.1)} = 0.0833\cdots.$$

분모의 첫 항에 들어간 양성 판정 확률은 병에 걸린 사람을 양성으로 판정할 확률로 90퍼센트이고, 두 번째 항에 들어간 양성 판정 확률은 병에 걸리지 않은 사람을 양성으로 판정할 확률로 10퍼센트가 된다. 물론 어쩔 수 없는 환경이나 너무 어리거나 많은 나이 때문에 다소 수리력이 떨어지는 사람은 언제나 있을 수 있으니 의료계에서도 환자와 의사 소통을 명확히 할 수 있는 방법을 찾을 필요는 있다. 수리력이 뛰어나면 유리한 건 사실이라고 해도 그렇지 않은 사람도 건강하게 살 수 있는 나라가 되어야 하지 않겠는가?

노후는 수학으로 준비한다

31장

때로는 장수를 축복이 아니라 저주로 보기도 한다. 아픈 몸으로 오래 살아야 한다면 그렇게 여길 수 있다. 또 가난도 장수를 저주로 만드는 요소가 된다. 그래서 거의 모든 사람이 자신의 노후를 어떻게 대비해야 할지 고민한다.

얼마나 오래 살 수 있을지 미리 알 수 없는 상황에서 얼마를 더 벌어서 얼마를 저축하거나 어디에 투자해야 끝까지 안락하게 살 수 있을까? 부모님 봉양이나 자녀 양육과 같은 변수도 있고 인생은 언제나 예측하지 못한 일로 가득하니 갑부가 아닌 이상 아무리 최선을 다한다고 해도 안락한 노후는 일정 확률로만 보장받을 수 있을 것이다. 이 확률을 가능한 한 높이는 게 최선이다.

나도 금융에 관해 아는 게 별로 없어서 매스컴에서 관련 단어를 들어도 잘 모르겠고 어쩔 수 없이 국민 연금만 내고 있는 실정인데,

갈수록 더 나이를 먹기 전에 공부해야겠다는 생각이 든다. 머리는 앞으로 더 좋아질 일이 없을 테니까. 얼마 전에는 볼일을 보러 차를 타고 어디에 갔다가 아차 하는 경험을 했다. 사전에 주차비를 확인한 뒤 그 정도면 저렴하다고 생각해 그곳에 차를 대고 볼일을 보았는데, 나갈 때 정산을 하니 생각했던 요금의 2배가 나오는 게 아닌가. 가만히 보니 내가 계산을 잘못했던 것이다.

이때 살짝 충격을 받았는데, 2배라 해도 얼마 안 되는 주차비 때문은 아니었다. 그런 간단한 계산을 실수했다는 사실 때문이었다. 수학은 잘 못 해도 잇속에는 밝아 돈 계산에는 밝은 편이라고 생각했는데, 그런 어이없는 실수를 하다니. 그까짓 실수 한 번 가지고 뭘 그러냐고 할 수 있겠지만, 어쩌면 이게 앞으로 계속 쇠퇴할 계산 능력의 전조일 수도 있을 것 같아서 대수롭지 않게 넘길 수만은 없었다.

수리력이 뛰어나야 돈 벌어

돈은 다 수치로 나타내고 있으니 상식적으로 생각해도 수리력이 떨어진다면 노후를 위한 재정 관리에 유리할 리는 없다. 하지만 단순히 수리력이라는 한 가지 요소만이 재정 상태에 영향을 끼칠 리도 없다. 금융 지식이나 투자 감각, 모험을 선호하거나 싫어하는 성향 등 다양한 요소가 관련되어 있을 게 분명하다. 어쩌면 수리력은 수많은 요소 중 하나일 뿐이라 영향력에 한계가 있을지도 모른다.

　2016년에 네덜란드 성인 약 1,000명을 대상으로 수리력과 축적한 부의 상관 관계를 조사한 연구 결과가 나왔다. 실험 참가자의 평균 연령은 약 53세였고, 5년 동안 몇 차례의 설문 조사를 통해 참가자의 수리력과 모험 선호도, 인지 욕구(생각을 즐기고 인지적 노력을 기울이는 성향), 금융 지식, 금융에 관한 조언을 듣는 정도와 같은 요소를 측정했다.

　예상하다시피 수리력과 이들의 부 사이에는 강한 상관 관계가 있었다. 시간의 흐름에 따른 부의 유지도 마찬가지였다. 수리력에서 낮은 점수를 받은 참가자는 재산이 줄고, 수리력이 높은 참가자는 꾸준히 부를 유지하는 경향이 있었다.

　수리력은 고등 교육과 관련이 있고, 고등 교육을 잘 받은 사람일수록 돈을 더 잘 벌었을 테니 당연하다고 생각할 수도 있다. 하지만 교육 수준이나 금융 지식, 인지 욕구와 같은 다른 요소를 통제한 뒤에도 수리력은 강한 상관 관계를 나타냈다. 게다가 전에도 이야기했듯이 이런 연구에서 평가하는 수리력의 수준은 그다지 높지 않다. 논문에서 밝힌 예시 질문 하나는 이런 것이다. "여섯 면짜리 주사위를 1,000번 굴린다고 하자. 총 1,000번 중 짝수가 모두 몇 번 나올 것이라고 생각하는가?" 확률이 2분의 1이므로 답은 500번이다. 초중등학생만 되어도 푸는 데 별 무리가 없어 보인다.

수리력은 재산에 어떻게 영향을 끼칠까?

예시만 보면 수리력을 측정할 때 쓰는 문제가 별로 대단해 보이지 않는데, 어떻게 그 정도 수준의 수리력이 재산에 영향을 끼칠 수 있다는 건지 의문이 든다. 연구진은 기존의 연구를 토대로 수리력이 영향을 끼치는 방법을 크게 세 가지 정도로 요약해서 정리했다.

첫째는 수리력이 확률에 따른 판단을 내릴 때 실수를 줄인다는 것이다. 수리력이 높은 사람은 낮은 사람과 비교해 심리학에서 말하는 '틀 효과(framing effect)'나 '비율 편향'에 영향을 덜 받는다. 틀 효과는 같은 사실이라도 어떤 틀을 제시하느냐에 따라 사람이 받아들이는 결과를 다르게 만들 수 있다는 사실을 말한다. 가령 '성공 확률이 20퍼센트'라는 말과 '실패 확률이 80퍼센트'라는 말은 사실상 같지만, 받아들일 때의 느낌이 다르다. 또 사람들은 '100개 중 10개가 당첨인 뽑기'와 '10개 중 1개가 당첨인 뽑기'가 있을 때 같은 확률이어도 전자를 더 쉽게 시도한다. 이게 비율 편향과 관련된 현상이다. 수리력이 높은 사람일수록 이런 데 잘 넘어가지 않는다는 것이다.

그다음으로 수리력이 높은 사람일수록 모험을 할 때 더욱 전략적으로 임해 더 좋은 결과를 끌어낸다. 무작정 덤벼드는 게 아니라 유리한 결과가 나올 때를 잘 판단해 모험한다는 소리다. 게다가 수리력이 높을수록 당장의 작은 보상보다 나중의 큰 보상을 선택하는 경향이 있다는 연구도 있다.

마지막으로 수리력이 높은 사람은 그렇지 않은 사람보다 관련된 정보와 관련이 없는 정보를 잘 구분할 수 있다고 한다. 그 결과 다양한 정보를 결합해 최적의 결론을 내릴 수 있고, 이는 장기적으로 부의 축적에 영향을 끼친다.

이런 설명은 상당히 설득력 있게 들린다. 그렇지만 저렇게 간단한 수리력 테스트에서 나타나는 차이가 축적 재산이라는 결과에 영향을 끼친다는 점은 다소 놀랍다. 한편으로는 별로 대단하게 쓰는 것도 없는데 이상하게 돈이 잘 새는 사람을 목격한 경험으로 미루어 보아 그럴 수 있겠다는 생각도 든다. 어쩌면 적금 이자 1퍼센트에 예민하게 굴거나 물건 살 때 할인을 철저하게 따져 볼 수 있는 수준의 수리력이면 노후를 대비하기에 충분할지도 모른다. 물론 돈을 어느 정도 벌고 삶의 굴곡도 너무 크지 않을 때 이야기겠지만.

수학을 잘해야 보이스 피싱을 안 당한다

수리력과 관련된 연구를 둘러보다가 흥미로운 연구를 하나 볼 수 있었다. 얼마 전부터 보이스 피싱이 계속 성행하고 있고 특히 세상 물정에 어두운 노인이 피해자가 되는 일이 많은데, 이런 사기에 넘어갈 위험도 수리력과 관련이 있다는 내용이었다. 이런 사기 피해도 노후에 큰 위협이 된다.

31장 노후는 수학으로 준비한다

2016년에 미국에서 나온 이 연구는 요양원이 아닌 자신의 집에서 자녀와 떨어져 사는 60세 이상의 노인들을 대상으로 보이스 피싱과 같은 사기 사건에 휘말릴 가능성을 조사한 것이다. 그 결과 수리력이 낮을수록 금융 사기에 당할 위험성이 컸다. 연구진은 이런 결과가 수리력이 부나 빚의 크기와 상관 관계를 보인다는 다른 연구에 부합하는 내용이라고 밝혔다.

수리력이 낮으면 사기를 당할 위험도 커진다는 내용까지 보고 나면 좀 무섭다. 단순히 노후 대비를 못하는 것을 넘어 기껏 모아 놓은 돈까지 빼앗길 수 있다는 뜻 아닌가. 지금이야 그런 사기에 왜 당하는지 의아해하지만, 나도 나이를 먹고 세상이 급변하면 어떻게 될지 모르는 일이다.

참으로 노후 대비는 골치 아픈 주제일 수밖에 없는 것 같다. 아무리 계획을 잘 세운다고 해도 계획대로 되는 게 아니니 말이다. 일단 계속해서 일을 해야만 먹고살 수 있는 소시민으로서는 계속 이렇게 열심히 살아가면서 크든 작든 선택의 순간이 왔을 때 가능한 한 최선의 선택을 하며 살아가야 할 것 같다. 그렇게 최선의 선택을 하는 데 내가 지닌 수리력이 조금이나마 더 힘이 되기를 바라며.

혹시 외계인을 만난다면?

32장

SF를 쓰거나 읽다 보면 외계인에 관해 생각할 때가 종종 있다. SF를 즐기는 입장에서는 외계인이 인간과 비슷한 존재로 등장하면 재미가 없다. 아무래도 외계인이 인간과 비슷하기는 어려워 보이는데, 그렇게 나온다면 그건 작가가 외계인 창조에 별로 공을 들이지 않았다고 생각할 수밖에 없다.

반대로 창작해야 하는 처지에서는 그럴듯한 외계인을 창조해 낸다는 게 쉬운 일이 아니다. 생김새부터 사는 환경, 나아가서는 생화학적 기반까지도 어느 정도 생각해야 하며, 인간과 교류하게 하려면 생각할 게 참 많아진다. 어떤 방식으로 의사 소통하는지, 감각 기관은 어떤 게 있는지, 번식은 어떻게 하는지, 어떤 문화를 가졌는지, 어떤 윤리를 가졌는지 등등. 한 예로 나는 예전에 동족을 죽여서 먹는 게 도덕적으로 전혀 문제가 없을 뿐만 아니라 그렇게 해야만 하는 외계인을 만들려고 이리저리 머리를 써 본 적이 있다.

손가락 개수가 다른 외계인

우리 지구인에게 있는 모든 것이 외계인에게는 무엇이 다를까를 생각하면 한도 끝도 없다. 수학도 마찬가지다. 만약 수학을 개발한 외계인이 있다면 그들의 수학은 어떤 모습일까?

이 생각을 처음 해 본 건 고등학생 때였다. 당시 도서관에서 론 허버드(L. Ron Hubbard)라는 SF 작가의 『배틀필드 어스(*Battlefield Earth*)』(존 트라볼타 주연의 영화로도 나왔다가 폭삭 망했다.)라는 소설을 빌려 읽었다. 외계인이 점령한 지구에서 멸종 위기에 처한 인류가 반란을 일으키며 다시 일어서는 내용이었는데, 중간 어디쯤 주인공이 외계인의 기술을 훔쳐 배우는 장면이 있다. 그때 이 외계인의 수학은 11진법 기반이라는 말이 나온다. 외계인의 손가락이 양쪽을 합해 11개였기 때문이다.

지금 우리는 10진법 수 체계를 쓴다. 과거 어떤 곳에서는 12진법이나 60진법을 쓰기도 했고 지금도 그 흔적이 군데군데 남아 있지만, 어렸을 때부터 배우는 건 10진법이다. 흔히 우리가 10진법을 쓰는 건 손가락이 10개이기 때문이라고 한다. 숫자 세기를 처음 배울 때 손가락으로 하나씩 꼽아 가며 배우는 모습을 생각하면, 그럴듯한 이야기다. 따라서 손가락이 11개인 외계인이라면 11진법을 쓰리라고 충분히 생각할 수 있다.

외계인도 피타고라스 정리를 알까?

그런데 진법이 다르다고 수학이 크게 다를까? 가만히 생각해 보면 그렇지는 않을 것 같다. 헷갈리기야 하겠지만, 달라지는 건 기껏해야 산수 정도가 아닐까? 10진법으로 쓴 피타고라스 정리의 하나인 $3^2+4^2=5^2$를 2진법으로 바꾸어 $11^{10}+100^{10}=101^{10}$라고 쓴다고 해서 무엇이 달라질까? 직각삼각형의 빗변 길이의 제곱은 다른 두 변의 길이 제곱의 합과 같다는 피타고라스 정리의 내용 자체는 그대로다. 단지 어떻게 표현하는지만 다를 뿐이다.

외계인이라면 당연히 우리와는 전혀 다른 숫자, 수학 기호를 쓸 것이다. 우리도 근현대를 거치며 표기법이 통일되어서 그렇지, 예전에는 서로 다른 숫자와 기호를 썼다. 그러니까 외계인의 수학이 어떻게 다를 것이냐는 질문은 기호나 표기법에 관한 게 아니라 그 내용에 관한 것이다. 외계인이 어떤 진법을 쓰는지가 중요한 게 아니라 과연 피타고라스의 정리를 알고 이용하는지가 중요하다는 뜻이다.

수학이 발견이냐 발명이냐 하는 논쟁이 있는데, 그 답에 따라서도 달라질 수 있다. 방금 예로 든 피타고라스 정리의 경우 그 내용은 우리 인류의 존재와 무관하다. 인류가 없었을 때도 직각삼각형의 빗변 길이의 제곱은 짧은 두 변의 길이 제곱의 합과 같았고, 인류가 멸망한 뒤에도 마찬가지일 것이다. 직각삼각형을 안드로메다 은하로 가져가도 여전히 성립한다. 이름을 뭐라고 붙이든 표현을 어떻게 하든 우리가 피타고라스 정리라고 부르는 내용이 달라질 이유는 없다. 평면 위에 있는 직각삼각형의 본래 성질이다.

이와 같은 수학, 본래 존재하는 성질을 우리가 찾아서 우리의 방식으로 표현하고 이용하는 수학이라면 외계인이 쓴다고 해서 달라질 이유는 없다. 만약 어떤 외계인이 직각삼각형의 성질을 연구해서 피타고라스 정리를 알아냈다면, 겉모습은 달라도 우리가 아는 수학이다. 만나서 "야, 너도 그거 알아?"라고 하면서 서로 이야기할 수 있는 그런 수학이다. 그와 비슷한 다른 공식, 혹은 소수를 비롯한 기본적인 수의 성질 같은 것도 여기에 해당할 것 같다.

물론 이런 경우라고 해도 외계인과 인간의 수학이 완전히 똑같지는 않을 것이다. 환경이나 역사의 발전 방향, 어떤 우연한 계기 등의 이유로 본래 존재하는 수학 중에서 어떤 것을 먼저 발견하고 활용하는지가 달라질 수 있기 때문이다. 어쩌면 어떤 외계인은 상당히 오랫동안 직각삼각형에 아무런 관심이 없어서 피타고라스 정리를 알아채지 못했을지도 모르는 일 아닌가.

마찬가지로 역사가 지금과 조금 다른 방식으로 진행됐다면, 지금 우리가 배우고 연구하는 수학도 얼마든지 달라졌을 수 있다. 우리가 아는 수학은 자연에 널려 있는 수많은 규칙 중에서 어쩌다 우리가 관심을 두고 알게 된 것에 불과하다.

한편 그렇지 않아 보이는 내용도 있다. 우리가 사용하는 수학에는 여러 도구가 있는데, 그중에는 인류가 '발명'했다고 할 수 있는 것도 있다. 예를 들어, 로그(log)는 큰 수를 쉽게 나타내기 위해 만든 도구다. 다른 방법이 있다면 꼭 쓰지 않아도 된다. 우연의 일치가 아니라면 외계인은 로그를 쓰지 않을 가능성이 크다. 인류와 외계인이 이런 도구를 제각기 만들어 사용하고 있다면, 단순히 기호와 표현법만 번역해서는 상대방의 수학을 이해하기 어려울 것이다. 이런 도구까지도 충분히 이해해야 한다.

상상도 하지 못한 새로운 수학의 가능성

이것도 우리와 외계인이 어느 정도 비슷한 존재, 말은 통할 수 있는 존재라고 생각할 때의 이야기다. 너무나 이질적이어서 생각을 공유할 수조차 없는 외계인이라면 어떨까? 아까 손가락 수와 진법 이야기를 했는데, 만약 손가락이 아예 없는 외계인이라면 어떤 진법을 쓸까? 손가락만이 아니라 몸에 수를 세는 데 쓸 수 있는 부속지가 전혀 없는 무정형의 아메바 같은 외계인이라면? 어떤 진법을 쓸지는 모르겠지만, 그래도 주변의 물체를 이용해 수 세는 법을 배울 수 있었을 것 같다.

그보다 더 이질적인 외계인을 생각해 보자. 사는 환경이나 생리가 완전히 다른 외계인을. 폴란드 SF 작가 스타니스와프 렘 (Stanislaw Lem)의 『솔라리스(*Solaris*)』에는 솔라리스라는 행성 전체를 덮고 있는 거대한 바다가 등장한다. 이 바다는 사실 지적 생명체다. 인류의 탐사대는 이 바다와 의사 소통하기 위해 온갖 시도를 하지만, 결국 실패하고 만다. 그 어떤 공통 분모도 찾아내지 못했던 것이다. 만약 이런 거대한 바다 형태의 생명체가 수학을 발전시켰다면, 그 수학은 과연 어떤 모습일까? 우리가 이해할 수 있을까? 어찌어찌 말이 통했다고 해도 솔라리스의 바다와 인류는 1, 2, 3부터 시작하는 기본적인 수학 개념을 바탕으로 한 이야기를 나눌 수 있을까?

SF 작가들이 상상한 외계 생명체는 종종 이처럼 매우 기괴하다. 우주 공간에 퍼져 있는 성간 기체에서 태어나 자란 생명체는 어떤 수학을 발전시켰을까? 우리보다 훨씬 더 추상적이고 관념적인 수학을 만들지 않았을까? 아무리 머리를 굴려도 잘 상상이 되지 않는다.

현대 수학은 특정 공리를 바탕으로 이루어진다. 공리는 증명할 필요 없이 참으로 받아들이는 기본적인 명제를 말한다. 공리가 바뀌면 수학의 내용도 바뀔 수 있다. 에우클레이데스의 기하학에서는 참인 피타고라스의 정리도 타원 기하학에서는 그렇지 않다. 우리와 보고 느끼는 게 전혀 다른 외계인이라면 우리와 전혀 다른 공리에 바탕을 둔 수학을 이용하고 있을지도 모른다.

외계인을 만났을 때 소통하기에 가장 좋은 언어는 수학이라는 말이 있다. 수학이 객관적이고 보편적인 언어이기 때문에 그렇다는 것이다. 하지만 외계인의 수학이 우리의 수학과 전혀 다르다면 수학으로 소통한다는 건 상당히 골치 아픈 일이 될 수도 있다. 이해하기에도 너무 오랜 시간이 걸리고, 어쩌면 아예 이해가 불가능할 수도 있으니 말이다.

게다가 수학으로는 전달할 수 있는 내용에 한계가 있다는 문제도 있다. 수학을 이용해 "우리 앞으로 친하게 지내요."라는 말을 어떻게 할 수 있을까? 우리 같은 일반인은 아마 "여러분은 어떤 음식을 먹고사나요?" 같은 질문을 하고 싶을 텐데, 그건 수학으로 할 수 있는 말이 아니다.

물론 수학자는 수학을 하는 외계인을 만나면 대단히 흥분할 게 분명하다. 새로운 수학을 접할 수 있어서, 행여나 인류가 풀지 못하고 있는 여러 가지 문제에 대한 실마리나 해답을 알 수 있을까 싶어서 신이 날 것이다. 절대 이해하지 못하겠지만, 사실 나도 살짝 궁금하긴 하다.

1장 수학이 우리를 구원할 수 있을까?

「신종플루, 수학이 막는다!」,《수학동아》, 2009년 11월.

「무증상 감염, 슈퍼전파… 악재 겹친 코로나19 효과적인 방역 대책은?」,《수학동아》, 2020년 3월.

「세 차례 개학 연기로 최소 1155명 이상의 환자 줄였다」,《동아사이언스》, 2020년 4월 6일.

Soyoung Kim, Yae-Jean Kim, Kyong Ran Peck, Eunok Jung, "School opening delay effect on transmission dynamics of coronavirus disease 2019 in Korea: Based on mathematical modeling and simulation study," *Journal of Korean Medical Science*, volume 35, number 13, April 06, 2020.

Matteo Chinazzi, Jessica T. Davis, Marco Ajelli, Corrado Gioannini, Maria Litvinova, Stefano Merler, Ana Pastore y Piontti, Kunpeng Mu, Luca Rossi, Kaiyuan Sun, Cécile Viboud, Xinyue Xiong, Hongjie Yu, M. Elizabeth Halloran, Ira M. Longini Jr., Alessandro Vespignani, "The effect of travel restrictions on the spread of the 2019 novel coronavirus (COVID-19) outbreak," *Science*, volume 368, issue 6489, March 06, 2020, pp. 395-400.

Jessica T. Davis, Nicola Perra, Qian Zhang, Yamir Moreno, Alessandro Vespignani, "Phase transitions in information spreading on structured populations," *Nature Physics*, volume 16, 2020, pp. 590-596.

"How much worse the coronavirus could get, in charts," *New York Times*, March 13, 2020.

2장 수학에도 특허를 줘야 할까?

Mario Livio, "Why math works," *Scientific American*, August 1, 2011.

https://arstechnica.com/tech-policy/2011/08/appeals-court-says-onlycomplicated-math-is-patentable/.

https://www.newyorker.com/magazine/2015/05/18/world-without-end-raffikhatchadourian.

https://nmsspot.com/2020/06/08/does-expired-patent-of-the-superformula-tieto-rumors-of-more-alien-worlds-in-no-mans-sky/.

3장 저기 해로운 수학이 있을까?

「우리 모두는 속은 겁니다! 황금비」,《수학동아》, 2017년 2월.

https://folkency.nfm.go.kr/kr/topic/detail/8421.

https://www.yna.co.kr/view/AKR20121016057200063.

4장 정말로 공정한 선거는 없을까?

「누가 이길까? 선거 개표의 수학」,《수학동아》, 2016년 4월.

「선거제도 수학으로 파헤치다」,《수학동아》, 2010년 6월.

5장 수학으로 전쟁을 막을 수 있다면

William W. Hackborn, "The science of ballistics: Mathematics serving the dark side,"

Conference: Canadian Society for the History and Philosophy of Mathematics, 2006 Annual Meeting, York University, Toronto.

Bernhelm Booß-Bavnbek and Jens Hoyrup, *Mathematics and War*, Springer Basel AG, 2003.

강정흥, 『수학적 전투 모델 이론』(교우사, 20015년).

「전투태세 수학으로 완전무장!」, 《수학동아》, 2017년 6월.

6장 지구를 구하라!

Hans G. Kaper, Christiane Rousseau, "Mathematics of planet Earth," *Notices of the American Mathematical Society*, volume 66, November 10, 2019.

「기후 변화, 에너지 고갈, 강력 범죄를 막아라! 지구를 위한 수학」, 《수학동아》, 2013 년 6월.

7장 수학은 나만 어려운 게 아냐

Sylvie Gamo, Emmanuel Sander, Jean-François Richard, "Transfer of strategy use by semantic recoding in arithmetic problem solving," *Learning and Instruction*, volume 20, issue 5, October, 2010, pp. 400-410.

Hippolyte Gros, Emmanuel Sander, Jean-Pierre Thibaut, "When masters of abstraction run into a concrete wall: Experts failing arithmetic word problems," *Psychonomic Bulletin and Review*, volume 26, 2019, pp. 1738-1746.

8장 수학자가 먹고사는 법, "내 칠판을 봐!"

http://mbarany.com/DustyDisciplineBWM15.pdf.

Daniel Stone, "The timeless beauty of a mathematician's chalkboard," *National Geographic*, March 04, 2021.

9장 수학은 혼자 하는 게 아니다

Kevin Hartnett, "Mathematics as a team sport", *Quanta Magazine*, March 31, 2020.

Kevin Hartnett, "Math after covid-19", *Quanta Magazine*, April 28, 2020.

Jerrold W. Grossman, "Patters of collaboration in mathematical research," *SIAM News*, volume 35, number 9, November, 2002.

「여행 중? 지금은 수학 중, 수학자가 사는 법」,《수학동아》, 2016년 10월.

10장 수학은 마음으로 하는 것

Allyn Jackson, "The world of blind mathematicians," *Notices of the AMS*, volume 49, number 10, 2002.

박경은, 이상구, 「신체적-정신적 장애를 극복하고 학문적 기여를 한 수학자들과 특수수학교육 환경」,《한국수학교육학회지 시리즈E: 수학교육 논문집》, 29권 3호, 2015년.

「컴컴한 눈 대신 마음으로 연구: 시각 장애 뛰어넘은 수학자들」,《수학동아》, 2015년 4월.

11장 컴퓨터 증명은 반칙일까?

Donald Mackenzie, "Slaying the kraken: The sociohistory of a mathematical proof," *Social Studies of Science*, volume 29, number 1, February, 1999, pp. 7-60.

Kevin Hartnett, "Computer search settles 90-year-old math problem," *Quanta Magazine*, August 19, 2020.

12장 누가 수학 좀 대신 해 줬으면!

https://imo-grand-challenge.github.io/.

Kevin Hartnett, "At the Math Olympiad, computers prepare to go for the gold," *Quanta Magazine*, September 21, 2020.

https://www.newscientist.com/article/2200707-google-has-created-a-maths-aithat-has-already-proved-1200-theorems/.

14장 '아무거나'의 수학
「질서도 없고 규칙도 없다, 난수」,《수학동아》, 2016년 3월.

Małgorzata Figurska, Maciej Stańczyk, Kamil Kulesza, "Humans cannot consciously generate random numbers sequences: Polemic study," *Medical Hypotheses*, volume 70, issue 1, 2008, pp. 182-185.

Marc-André Schulz, Barbara Schmalbach, Peter Brugger, Karsten Witt, "Analysing humanly generated random number sequences: A pattern-based approach," *PLoS ONE*, volume 7, issue 7, July 23, 2012. https://doi.org/10.1371/journal.pone.0041531.

15장 수학으로 게임하고, 게임으로 수학하고
「고수의 데이터 요리쇼」,《수학동아》, 2020년 9월.

16장 수학하는 인간, 숫자 세는 동물
Rebecca E. West, Robert J. Young, "Do domestic dogs show any evidence of being able to count?", *Animal Cognition*, volume 5, 2002, pp. 183-186.

Maximilian E. Kirschhock, Helen M. Ditz, and Andreas Nieder, "Behavioral and neuronal representation of numerosity zero in the crow," *The Journal of Neuroscience*, volume 41, issue 22, June 02, 2021, pp. 4889-4896.

Jan Oettler, Volker S. Schmid, Niko Zankl, Olivier Rey, Andreas Dress, Jürgen Heinze, "Fermat's principle of least time predicts refraction of ant trails at substrate borders," *PLoS ONE*, volume 8, issue 3, March 20, 2013. https://doi.org/10.1371/journal.pone.0059739.

Jennifer Böhm, Sönke Scherzer, Elzbieta Krol, Ines Kreuzer, Katharina von Meyer, Christian Lorey, Thomas D. Mueller, Lana Shabala, Isabel Monte, Roberto Solano, Khaled A. S. Al-Rasheid, Heinz Rennenberg, Sergey Shabala, Erwin Neher, Rainer Hedrich, "The Venus flytrap *Dionaea muscipula* counts prey-induced action potentials to induce sodium uptake," *Current Biology*, volume 26, issue 3, 2016, pp. 286-295.

17장 수학자의 농담은 재미있을까?

https://www.math.utah.edu/~cherk/mathjokes.html#topic3.
https://twitter.com/masonporter/status/1427460714596225026.

18장 수학은 누구에게나 아름답다?!

Semir Zeki, John Paul Romaya, Dionigi M. T. Benincasa, Michael F. Atiyah, "The experience of mathematical beauty and its neural correlates," *Frontiers in Human Neuroscience*, volume 8, issue 68, February 13, 2014.

Samuel G. B. Johnson, Stefan Steinerberger, "Intuitions about mathematical beauty," *Cognition*, volume 189, 2019, pp. 242-259.

Astrid Brinkmann, "Mathematical beauty and its characteristics - a study on the student's point of view," *The Mathematics Enthusiast*, volume 6, no 3, 2009, pp. 365-380.

19장 천재 수학자는 뭐가 다를까?

앤드루 스텝토 엮음, 조수철 외 옮김, 『천재성과 마음』(학지사, 2007년).
베르너 지퍼, 송경은 옮김, 『재능의 탄생』(타임북스, 2010년).
홍성욱, 이상욱 외, 『뉴턴과 아인슈타인 우리가 몰랐던 천재들의 창조성』(창비, 2004년).

20장 쌍둥이로 보는 유전과 환경

Kaili Rimfeld, Margherita Malanchini, Eva Krapohl, Laurie J. Hannigan, Philip S. Dale, Robert Plomin, "The stability of educational achievement across school years is largely explained by genetic factors," *npj Science of Learning*, volume 3, article 16, September 04, 2018.

Sheila O. Walker, Stephen A. Petrill, Frank M. Spinath, Robert Plomin, "Nature, nurture and academic achievement: A twin study of teacher assessments of 7-year-olds," *British Journal of Educational Psychology*, volume 74, issue 3, September, 2004, pp. 323-342.

21장 우리 아이도 혹시 난산증?

Brian Butterworth, Sashank Varma, Diana Laurillard, "Dyscalculia: From brain to education," *Science*, volume 332, issue 6033, May 27, 2011, pp. 1049-1053.

Ann Dowker, "What works for children with mathematical difficulties?", Department for Education and Schools (DfES) Research Report RR 554, June, 2004.

Stefan Haberstroh, Gerd Schule-Korne, "The diagnosis and treatment of dyscalculia," *Dtsch Arztebl International*, volume 116, issue 7, February 15, pp. 107-114.

22장 시험 시간이 길면 여자가 유리?

Pau Balart, Matthijs Oosterveen, "Females show more sustained performance during testtaking than males," *Nature Communications* , volume 10, article 3798, 2019.

"Women, minorities, and persons with disabilities in science and engineering," National Science Foundation Report, 2017. https://www.nsf.gov/statistics/2017/nsf17310/.

23장 배운 대로 푸는 여학생, 멋대로 푸는 남학생

Elizabeth Fennema, Thomas P. Carpenter, Victoria R. Jacobs, Megan L. Franke and Linda W. Levi, "A Longitudinal study of gender differences in young children's mathematical thinking," *Educational Researcher*, volume 27, number 5, June 1, 1998, pp. 6-11.

Drew H. Bailey, Andrew Littlefield, David C. Geary, "The co-development of skill at and preference for use of retrieval-based processes for solving addition problems: Individual and sex differences from first to sixth grade," *Journal of Experimental Child Psychology*, volume 113, number 1, September, 2012, pp. 78-92.

Pernille B. Sunde, Peter Sunde, Judy Sayers, "Sex differences in mental strategies for single-digit addition in the first years of school," *Educational Psychology*, volume 40, issue 1, June 10, 2019, pp. 82-102.

24장 부모는 자녀의 수학 공부에 도움이 될까?

Danielle Evans, Darya Gaysina, Andy P. Field, "Internalizing symptoms and working memory as predictors of mathematical attainment trajectories across the primary-secondary education transition," *Royal Society Open Science*, volume 7, issue 5, May 20, 2020.

Rusli Rusli, "Students' mathematics achievement and its relationship with parents' education level, and socio-economic status in turkey," *Proceeding of International Conference on Mathematics, Science, Technology, Education and their Applications (ICMSTEA)*, October 3-4, 2016.

Asitha Kodipplili, "Parents' education level in students' mathematics achievement: do school factors matter?", *Academic Leadership*, volume 9, issue 1, 2011.

김경희, 김성연, 한기순, 「중등영재아와 일반아의 수학성취도 발달에 대한 가정의 사회적 자본 영향력 분석」, 《중등교육연구》, 59권 4호, 2011년.

25장 음악은 수학 공부에 도움이 될까?

Kathryn Vaughn, "Music and mathematics: Modest support for the oft-claimed relationship," *The Journal of Aeshtetic Education*, volume 34, number 3/4, 2000, pp. 149-166.

Kenneth Elpus, "Is it the music or is it selection bias? A nationwide analysis of music and non-music students' SAT scores," *Journal of Research in Music Education*, volume 61, issue 2, 2013, pp. 175-194.

Martin Guhn, Schott D. Emerson, Peter Gouzouasis, "A population-level analysis of associations between school music participation and academic achievement," *Journal of Educational Psychology*, volume 112, number 2, 2020, pp. 308-328.

Takako Fujioka, Bernhard Ross, Ryusuke Kakigi, Christo Pantev, "One year of musical training affects development of audiory cortical-evoked fields in young children," *Brain*, volume 129, part 10, 2006, pp. 2593-2608.

Giovanni Sala, Fernand Gobet, "Cognitive and academic benefits of music training with childred: A multilevel meta-analysis," *Memory & Cognition*, volume 48, issue 8, 2020, pp. 1429-1441.

26장 이번엔 체스! 체스와 수학

Michael Rosholm, Mai BjØrnskov Mikkelsen, Kamilla Gumede, "Your move: The effect of chess on mathematics test scores," *PLoS ONE*, volume 12, issue 5, 2017. https://doi.org/10.1371/journal.pone.0177257.

Giovanni Sala, Fernand Gobet, "Does chess instruction improve mathematical problem-solving ability? Two experimental studies with an active control group," *Learning & Behavior*, volume 45, issue 4, 2017, pp. 414-421.

「콧대 높은 여왕들의 신경전, n-퀸즈 게임과 퍼즐」, 《수학동아》 2018년 8월.

27장 수학은 기세야, 기세!

Johnny L. Houston, "The life and pioneering contributions of an African American Centenarian: Mathematician Katherine G. Johnson," *Notices of the American Mathematical Society*, volume 66, number 3, March, 2019, pp. 324-329.

Ellen Peters, Mary Kate Tompkins, Mclissa A. Z. Knoll, Stacy P. Ardoin, Brittany Shoots-Reinhard, and Alexa Simon Meara, "Despite high objective numeracy, lower numeric confidence relates to worse financial and medical outcomes," *PNAS*, volume 116, issue 39, September 09, 2019, pp. 19386-19391.

Sander Thomaes, Iris Charlotte Tjaarda, Eddie Brummelman, Constantine Sedikides, "Effort self-talk benefits the mathematics performance of children with negative competence beliefs," *Child Development*, volume 91, issue 6, November, 2020, pp. 2211-2220.

28장 대기만성 수학자를 보며

Dean Keith Simonton, "Career landmarks in science: Individual differences and interdisciplinary contrasts," *Developmental Psychology*, volume 27, number 1, 1991, pp. 119-130.

Benjamin F. Jones, Bruce A. Weinberg, "Age dynamics in scientific creativity," *PNAS*, volume 108, number 47, November 07, 2011, pp. 18910-18914.

29장 믿을 건 로또밖에 없다?

https://en.wikipedia.org/wiki/Joan_R._Ginther.

www.theatlantic.com/business/archive/2016/02/how-mit-students-gamed-thelottery/470349/.

www.newscientist.com/article/2216349-50-year-old-maths-problem-about-aninfinite-lottery-finally-solved/.

Emily Haisley, Romel Mostafa, George Loewenstein, "Subjective relative income and lottery ticket purchases," *Journal of Behavioral Decision Making*, volume 21, 2008, pp. 283–295.

30장 수학은 건강의 비결

Brittany Shoots-Reinhard, Breann Erford, Daniel Romer, Abigail T. Evans, Abigail Shoben, Elizabeth G. Klein, Ellen Peters, "Numeracy and memory for risk probabilities and risk outcomes depicted on cigarette warning labels," *Health Psychology*, volume 39, number 8, August, 2020, pp. 721–730.

Russell L. Rothman, Victor M. Montori, Andrea Cherrington, Michael Pignone, "Perspective: The role of numeracy in health care," *Journal of Health Communication*, volume 13, issue 6, 2008, pp. 583–595.

31장 노후는 수학으로 준비한다

Catalina Estrada-Mejia, Marieke de Vries, Marcel Zeelenberg, "Numeracy and wealth," *Journal of Economic Psychology*, volume 54, June 2016, pp. 53–63.

Stacey Wood, Pi-Ju Liu, Yaniv Hanoch, Sara Estevez-Cores, "Importance of numeracy as a risk factor for elder financial exploitation in a community sample," *Journals of Gerontology: Psychological Sciences*, volume 71, number 6, November, 2016, pp. 978–986.

온라인 매체

https://www.quantamagazine.org/. 본문에서도 종종 인용했던 온라인 잡지. 백만장자 수학자로 유명한 제임스 사이먼스가 만든 사이먼스 재단이 운영하며, 영어만 가능하다면 수학뿐 아니라 물리학, 컴퓨터 과학에 관해서도 좋은 글을 많이 볼 수 있다.

https://horizon.kias.re.kr/. 우리나라 고등 과학원에서 운영하는 웹진. 내용이 좀 어렵긴 하지만, 수학과 과학에 관심이 많다면 공부하기에 딱 좋은 콘텐츠를 정기적으로 발간한다.

https://pomp.tistory.com/. 수학 퍼즐 전문가로도 유명한, 박부성 경남대 교수의 블로그. 퍼즐뿐만 아니라 수학에 관한 재미있는 이야기도 볼 수 있다.

단행본

마틴 가드너, 이충호 옮김, 『이야기 파라독스』(사계절, 2003년). 어린 시절에 이 책을 보고 패러독스의 재미를 알게 되었다. 지금 봐도 여전히 흥미롭다.

김용운, 김용국, 『재미있는 수학여행 1』(김영사, 2007년). 어린 시절에 흥미롭게 읽었던 책. 아마도 수학이 문제 풀고 답을 구하는 게 다가 아니라는 것을 처음 일깨워 준 책이었을 것이다.

야콥 페렐만, 임 나탈리아 옮김, 『페렐만의 살아있는 수학 1』(써네스트, 2006년). 역시 어 렸을 적 야콥 페렐만의 책을 읽으면서 물리와 수학에 흥미를 느끼게 되었다. 사 실 당시에 본 책의 제목은 기억이 안 나지만, 지금은 이런 제목으로 출간이 되어 있다.

루이스 캐롤, 최인자 옮김, 『Alice 이상한 나라의 앨리스 · 거울 나라의 앨리스』(북폴리 오, 2005년). 『이상한 나라의 앨리스』는 수학 은유가 많아 수많은 수학 콘텐츠에서 인용되곤 한다. 하지만 그냥 읽으면 모르고 지나치기 쉽다. 마틴 가드너가 꼼꼼히 주석을 단 이 판본을 읽어 보면 놓치지 않을 수 있다. 서점에서는 절판 상태이나, 2023년 5월 텀블벅 펀딩을 통해 150주년 기념 디럭스 에디션이 나오기도 했다.

이언 스튜어트, 김지선 옮김, 『세계를 바꾼 17가지 방정식』(사이언스북스, 2016년). 수학 자이자 저명한 수학 저술가인 이언 스튜어트의 책은 빼놓을 수 없다. 한 권만 제 목을 썼지만, 다른 저작 역시 강력히 추천한다.

김민형, 『수학이 필요한 순간』(인플루엔셜, 2018년). 음유 시인 같은 수학자 김민형 옥스 퍼드 대학교 교수의 글은 때로는 난해하면서도 때로는 깨달음을 주는 힘이 있다.

토머스 린, 이덕환 옮김, 『현대 수학의 빅 아이디어』(까치, 2019년). 앞서 언급한 《퀀타 매거진》에 실렸던 글을 모은 책이다. 한국어로 편하게 읽을 수 있으며, 흔히 과 거의 수학자를 다루는 교양 서적보다는 현대 수학이 돌아가는 모습을 더 자세 히 다루고 있다.

임동규, 『인생에서 수학머리가 필요한 순간』(토네이도, 2019년). 《수학동아》를 만들면 서 만난 한국의 젊은 수학자 임동규의 수학 이야기. 대중화 활동을 열심히 해 온 젊은 수학자의 새로운 시각을 접할 수 있다.

데이비드 달링, 아그니조 배너지, 고호관 옮김, 『기묘한 수학책』(까치, 2019년). 양심에 좀 걸리지만, 내가 번역한 책도 한 권 소개한다. 연륜 있는 저술가와 수학 신동 이 함께 여러 가지 재미있는 주제에 관해 설명해 준다.

누가 수학 좀
대신 해 줬으면!

1판 1쇄 찍음 2023년 6월 1일
1판 1쇄 펴냄 2023년 6월 15일

지은이 고호관
펴낸이 박상준
펴낸곳 (주)사이언스북스

출판등록 1997. 3. 24.(제16-1444호)
(06027) 서울시 강남구 도산대로1길 62
대표전화 515-2000, 팩시밀리 515-2007
편집부 517-4263, 팩시밀리 514-2329
www.sciencebooks.co.kr

ISBN 979-11-92107-35-6 03410